自衛隊の変貌と平和憲法

脱専守防衛化の実態

飯島滋明・前田哲男・清末愛砂・寺井一弘 編著

現代人文社

はじめに

2017年5月3日、安倍晋三首相は以下のように発言した。

「今日、災害救助を含め、命懸けで、24時間、365日、領土、領海、領空、日本人の命を守り抜く、その任務を果たしている自衛隊の姿に対して、国民の信頼は9割を超えています。

しかし、多くの憲法学者や政党の中には、自衛隊を違憲とする議論が、今なお存在しています。『自衛隊は、違憲かもしれないけれども、何かあれば、命を張って守ってくれ』というのは、あまりにも無責任です。

私は、少なくとも、私たちの世代のうちに、自衛隊の存在を憲法上にしっかりと位置づけ、『自衛隊が違憲かもしれない』などの議論が生まれる余地をなくすべきである、と考えます」。

その後、自衛隊明記の憲法改正に関する議論がなされる中で、安倍首相は「自衛隊を憲法に明記しても何も変わらない」「自衛隊を憲法に明記しても現状を認めるだけ」とも主張した。

このように、安倍首相は「自衛隊を憲法に明記しても何も変わらない」「現状を認めるだけ」と発言している。何も変わらない憲法改正であれば、消費税率を10%に引き上げるなど、日本の財政が危機的状況にある中、総務省の試算で850億円もの費用がかかる憲法改正をする必要があるのかが問われることになろう。さらに、「自衛隊を憲法に明記しても何も変わらない」というのは本当なのか。さらには「自衛隊を憲法に明記しても現状を認めるだけ」とも安倍首相は言うが、そもそも「自衛隊の現状」とはどのようなものなのか。「自衛隊明記の憲法改正は自衛官のため」とも安倍首相は言うが、歴代自民党の政治家は、それほど現場の自衛官を大切にしてきたのか。憲法改正という政治目的を達成するために「自衛官」をダシにするのであれば、それこそ自衛官に対して「無責任」ではないか。

以上のような問題意識を持ち、その「解答」を主権者市民に提供することを目的に刊行されたのが本書である。

　第1部では、「自衛隊の現状」を明らかにする論考、そして自衛隊明記の憲法改正をめぐる法理論が紹介されている。第2部では「海外派兵型の組織」に変容した「自衛隊の現状」を紹介する。第3部では、現場の自衛官に国はどのように接してきたのか、現場の自衛官がどのように処遇されてきたのかを紹介する。そして第4部では、第1部から第3部に関する自衛隊の基礎知識を提供する。

　「国民主権の父」と言われ、フランス大革命（1789年）に大きな影響を及ぼしたJ.J.ルソーは『社会契約論』で、「国民は欺かれることがある」と記している。憲法改正の際には国民投票がおこなわれるが（96条）、その際に主権者が適切な知識を有していなければ、「誤った判断」をする危険性が生じる。2019年7月21日の参議院選挙で改憲勢力（自民、公明、日本維新の会）が参議院議員の3分の2を割り、憲法改正の道のりは困難になった。とはいえ、依然として参議院でも改憲派の議員が多数であることを考慮すれば、改憲の動きが進む可能性は高い。安倍首相をはじめ、憲法改正を目指す政治家が改憲の本丸としている項目が「自衛隊明記の憲法改正」だとすれば、「自衛隊」や「自衛官」をめぐる状況とその変貌、そして憲法改正をめぐる法理論を踏まえた対応が今まで以上に求められる。本書がその一助となることを願ってやまない。

2019年7月26日
米英中によるポツダム宣言発表から74年目の日に
飯島滋明

はじめに……………………………………………………………飯島滋明 002

第1部 自衛隊の変貌

第1章 日本国憲法と憲法改正、自衛隊……………………………飯島滋明 008

第2章 日米安保と自衛隊
—「ガイドライン」の移りかわりから見る…………………前田哲男 018

第3章 自衛隊と「文民統制」（シビリアンコントロール）…………飯島滋明 030

第4章 憲法改正をめぐる政治動向…………………………………伊藤 真 042

第5章 防衛省・自衛隊の広報・宣伝活動の方法と特徴………飯島滋明 054

第2部 「海外派兵」型自衛隊の現実

第1章 自衛隊の実態………………………………………………前田哲男 066

第2章 安全保障関連法と自衛隊海外派遣……………………半田 滋 078

第3章 安保法制違憲訴訟の意義と歴史的使命
— 安保法制違憲訴訟で平和憲法の死守を………………寺井一弘 090

第4章 戦争法のもとで殺し殺される自衛隊に
— 陸上自衛隊第10師団の訓練からの考察………………城下英一 102

第5章 南スーダンPKO派遣差止訴訟から見えるもの…………池田賢太 118

第6章 南西諸島の自衛隊配備
—「平和主義」的視点からの考察を中心に………………飯島滋明 130

自衛隊の変貌と平和憲法
脱専守防衛化の実態

第 3 部　自衛隊員・自衛官の現実

第1章　自衛隊内の人権侵害
── 自殺、いじめ問題の解決は軍事オンブズマン制度で……… **今川正美** 144

第2章　「世界一の士官学校」をめざす防大の教育 ……………… **佐藤博文** 154

第3章　なぜ、女性自衛官の活躍を推進するのか ……………… **清末愛砂** 168

第4章　自衛隊の市民監視をめぐる裁判 ……………………… **中谷雄二** 180

第 4 部　自衛隊の基礎知識 ……… 飯島滋明

1　自衛隊のあゆみ………………………………………………… 190

2　自衛隊の待遇………………………………………………… 192

3　防衛計画の大綱……………………………………………… 194

4　自衛隊の戦力比較…………………………………………… 196

5　内閣・防衛省・統合幕僚監部の関係 ……………………… 198

6　防衛・自衛隊に対する各政党の考え方…………………… 200

7　自衛隊のHPを見てみよう ………………………………… 202

8　世論調査から見る自衛隊・防衛問題 ……………………… 204

9　近所の自衛隊基地を見てみよう…………………………… 206

おわりに……………………………………………………… **寺井一弘** 210

第1部 自衛隊の変貌

海上自衛隊が運用するヘリコプター搭載型護衛艦「いずも」
（2019年1月、横須賀にて飯島撮影）

第1章

日本国憲法と憲法改正、自衛隊

飯島 滋明
いいじま しげあき

名古屋学院大学経済学部教授。1969年生まれ。専門は、憲法学、平和学。主な著書に、『国会審議から防衛論を読み解く』（共編著、三省堂、2003年）など多数。

1 はじめに

　2017年5月3日、安倍首相は憲法9条をそのままにして自衛隊を明記するという憲法改正案を提示した。その後も安倍首相は自衛隊明記の憲法改正を主張し続けてきた。こうした憲法改正が必要な理由として、

安倍首相は、多くの憲法学者が自衛隊を憲法違反だと主張していること
を理由に挙げている。憲法学界に属する一人として、現在、多くの憲法
学者が「自衛隊は憲法違反」との大合唱をしている状況とは感じないの
で、安倍首相の主張が正確とは思わない。2019年2月、多くの自治体
が自衛官募集に協力しないことを理由に安倍首相が突如「自衛隊明記の
憲法改正」が必要だと言い出したように、自衛隊明記の憲法改正の口実
にしているに過ぎない。

　ただ、安倍首相の主観的意図はともかく、「自衛隊が憲法違反」との
言説の持つ意味については主権者である市民が知るべき事柄がある。本
稿ではそのことを紹介する。

　そして、そもそもの問題として、日本国憲法99条では国会議員や大
臣などの公務員には「憲法尊重擁護義務」が課されている。にもかかわ
らず、安倍首相が憲法改正を繰り返し主張することは許されるのか。さ
らに、安倍首相が主張する自衛隊明記の憲法改正は憲法改正の限界を超
えないのか。本稿ではこうした問題についても論じる。

2 「自衛隊が憲法違反」との言説の持つ意味

1 「戦力」「自衛隊」「集団的自衛権」をめぐる歴代日本政府の対応[1]

　憲法9条2項では、「陸海空軍その他の戦力は、これを保持しない」
と定められている。この「戦力」との関係では、「自衛のための必要最小
限度の実力」は憲法で禁じられた「戦力」ではないというのが歴代日本
政府の憲法解釈であり、自衛隊は「自衛のための必要最小限度の実力」
とされてきた(それまでの政府の憲法解釈については第4部「自衛隊の基礎
知識」参照)。こうした憲法解釈との関係で、「性質上、専ら他国の国土
の壊滅的破壊のために用いられる、こういった兵器については、いかな
る場合においてもこれを保持することは許されない」と国会で答弁して
きた(2003年5月28日参議院武力攻撃特別委員会での宮崎礼壹内閣法制局
長官答弁)。

　1970年代、F4戦闘攻撃機を保有する際、海外で爆撃が可能になるこ

第1章　日本国憲法と憲法改正、自衛隊　　9

とが問題となり、F4 から爆撃装置と空中給油装置を外したこともあった。また、「我々は、専守防衛を主眼にして防衛政策を推進しておるのでありまして、他国に脅威を与えるような、他国に対して壊滅的打撃を与えるような攻撃性を持っているものは持たない。その例示といたしまして、長距離重爆撃機であるとかあるいは航空母艦であるとかあるいは長距離ミサイル」(1987 年 5 月 19 日参議院予算委員会での中曽根首相発言)とのように、「長距離重爆撃機」「航空母艦」「長距離ミサイル」などは憲法上、保有が許されないというのが歴代日本政府の立場であった。

そして他国を攻撃しないとの政府見解のもと、「専守防衛」が歴代日本政府の基本政策とされてきた。「専守防衛」とは、「相手から攻撃を受けたときにはじめて防衛力を行使し、その態様も自衛のための必要最小限度にとどめ、また、保有する防衛力も自衛のための必要最小限度のものに限るなど、憲法の精神に則った受動的な防衛戦略の姿勢」[2] である。そして「専守防衛」のみが憲法上、許されるとの憲法解釈のもと、日本が海外に行って戦争や武力を行使することは許されないというのが歴代日本政府の原則的な立場であった。「日本の自衛隊が日本の領域外に出て行動することは、これは一切許されないのであります」(1960 年 3 月 11 日衆議院日米安保特別委員会での岸信介首相答弁)、「わが国の憲法から、日本は外へ出て行く、そんなことは絶対にないのでございます」(1969 年 2 月 19 日衆議院予算委員会での佐藤栄作首相答弁)と答弁していた。そして海外での武力行使の代表である「集団的自衛権」は 60 年近く、憲法的に許されないとされてきた (たとえば 1954 年 6 月 3 日衆議院外務委員会での下田武三外務事務官答弁)。

2 │ 憲法学説の状況

憲法 9 条で禁止された「戦力」については大別して 2 つの見解がある。

一つの見解は、戦争遂行のための手段として役立つ一切の能力を「戦力」と解する「潜在的能力説」である。しかし「潜在的能力説」に対しては、「飛行場や港湾施設、飛行機や船舶、それらの製造工場や研究所、ひいては警察を始めとする人的組織等も、すべて戦力に含まれることになる。憲法がこれらを保持しないと禁ずると解するのは、実際上ほとんどナン

センス」[3]「技術水準の向上が人類社会に貢献する可能性をあまりに制約しすぎて、失当といわなければならない」[4] などの批判がなされ、学界での支持を受けていない。

憲法学界での通説は、「憲法9条の戦力は、戦争を遂行する目的と機能をもつ・多少とも組織的な武力または軍事力（軍隊）を意味する」[5] という「超警察力説」である。この見解では、自衛隊は人員・装備・編成等の実態から、9条2項に言う「戦力」に該当する[6]。

3 | 第2次安倍自公政権以降の憲法解釈の変更

以上の政府見解をまとめると、「自衛のための必要最小限度の実力」以上の装備などは憲法違反になるというのが歴代日本政府の立場であった。また、9条との関係で「海外派兵の禁止」「集団的自衛権行使は認められない」との立場も踏襲してきた。

ところがこうした見解は、第2次安倍自公政権以降は変更、そして根底から空洞化されてきた。

まず2014年7月1日、安倍自公政権下での「集団的自衛権の行使容認」の閣議決定。「集団的自衛権は憲法上、認められない」というのが歴代日本政府の立場であったが、2014年7月1日の閣議決定により、こうした歴代政府の立場は変更された。そして2015年9月19日、集団的自衛権をはじめとする、世界中での自衛隊の武力行使を法的に可能にする「安保法制」が安倍自公政権のもとで強行採決された。

自衛隊の保有する兵器に関しても「専守防衛」から逸脱する兵器、「敵基地攻撃能力」の保有が進行している。

「専守防衛」を逸脱する兵器の代表例として挙げられるのは「いずも」「かが」の空母化と垂直離発着機F35Bの保有である。ただ、「専守防衛」から逸脱、「海外派兵型の兵器」や「敵基地攻撃能力」の保有は「いずも」「かが」とF35だけではない。具体的に紹介すると、①「ウサデン」（宇宙・サイバー・電磁波）での「専守防衛」からの逸脱、②射程距離900kmの空対地ミサイルである「JASSM」（ジャズム）、空対艦ミサイル「LRASM」（ロラズム）、射的距離550kmでF35Aに搭載されるJSMなどの「スタンド・オフ・ミサイル」の導入、③射程距離2000kmのミサイル配備が

第1章　日本国憲法と憲法改正、自衛隊　11

想定される「イージス・アショア」導入、④オスプレイやヘリコプター、F35Bへの給油も可能であり、米軍への給油も政府が否定していない、空中給油・輸送機 KC-46A（ペガサス）、⑤ C-1 の 4.5 倍の積載量、速度は民間機と同様に 890km/h であり、即応機動連隊の中心兵器である 16 式機動戦闘車も搭載可能である C-2 輸送機導入、⑥「日本版海兵隊」と言われる「水陸機動団」の創設（2018 年 3 月）などに代表される海外派兵型組織への変容など、第 2 次安倍自公政権以降、「専守防衛」から逸脱が「常態化」し、「海外派兵型の兵器」や「敵基地攻撃能力」の保有が続いている。

4│「自衛隊は憲法違反」という発言の意味するもの

　いままで紹介してきたように、戦力に関する憲法学界の通説によれば、「自衛隊」は憲法違反との評価を免れない。ただ、第 2 次安倍自公政権以降の変容する自衛隊は、「自衛のための必要最小限度の実力」という、そして「集団的自衛権は憲法上、許されない」という歴代日本政府の見解を前提としても「憲法違反」と評価せざるを得ない組織に変容している。「自衛隊が憲法違反」との状況をもたらしたのはほかでもない、第 2 次安倍自公政権なのである。自衛隊の海外派兵を可能にする憲法解釈の変更や法制定をおこない、そうした法整備と同時に「敵基地攻撃能力」「海外派兵型兵器」を粛々と保有してきた安倍自公政権の軍事政策の結果である。こうした憲法違反の行為を粛々と積み重ねながら、「多くの憲法学者が自衛隊を憲法違反と発言する」から憲法を改正するなどと安倍首相が発言するのは、自己の憲法違反の政策を棚に上げ、憲法学者への責任転嫁にほかならない。自衛隊明記の憲法改正は、憲法違反を続けてきた安倍自公政権の政策を「追認」することになる。そして海外派兵の任務と能力を持つ自衛隊を憲法に明記する憲法改正は憲法的に許されるのか。そのことを次に論じよう。

3 「自衛隊明記の憲法改正」は認められるのか

1│安倍首相などが憲法改正に言及することが憲法上、認められるか

12　第 1 部　自衛隊の変貌

憲法 99 条では、「天皇又は摂政及び国務大臣、国会議員、裁判官その他の公務員は、この憲法を尊重し擁護する義務を負ふ」とされている。こうして国会議員や大臣などには「憲法尊重擁護義務」が課されているため、通常であれば憲法を遵守する憲法上の義務があり、憲法改正を主張することは許されない。ただ、日本国憲法の最も重要な目的は、個人の権利・自由を保障することにある。そこで個人の権利・自由を守るため、①憲法が個人の権利・自由の保障の障害となっていること、②その結果、大多数の国民が憲法改正を要求していること、こうした①②の要件を満たす場合に限り、主権者である国民の委託を受けた、「全国民の代表」である国会議員がはじめて憲法改正の議論をすることができる。憲法が多くの市民の基本的人権の享受の障害となっていない場合、あるいは多くの国民の要請もないのに国会議員が憲法改正に向かって動き出すことは、まさに「憲法尊重擁護義務」に違反する。ましてや国民の代表として選出されたわけではない「内閣総理大臣」が、憲法改正の主張をすることは「憲法尊重擁護義務」に反して許されない。

　自民党や日本維新の会の国会議員の中には、国民の「憲法改正権」の発動がなされていない状況は「国民の権利を奪っている」などと発言している議員もいる。しかし、「憲法改正権」を発動するかどうかを決めるのは国会議員ではなく、国民である。多くの国民が憲法改正を求めていないために「憲法改正権」の発動がなされていないにもかかわらず、主権者である国民の「憲法改正権」が行使されていないことを問題だとする政治家たちは、自分たちの政治目的を達成させるために「国民」を口実にしているとの誹りを免れない。

2｜安倍首相が主張する「自衛隊明記の憲法改正」は認められるか

▼憲法改正に限界があるか

　たとえばドイツの実質的な憲法である「ドイツ連邦共和国基本法」79 条 3 項では「この基本法の変更によって、連邦の諸ラントへの編成、立法に際しての諸ラントの原則的協力、または第 1 条および第 20 条にうたわれている基本原則に触れることは、許されない」と明記されている。フランス第 5 共和制憲法 89 条 5 項でも「共和政体は、憲法改正の対象

第 1 章　日本国憲法と憲法改正、自衛隊　　13

とすることはできない」と明記されている。

　日本国憲法では96条で憲法改正手続が定められているが、「憲法改正」に関して限界があるかどうかについては争われてきた。この点については「憲法改正無限界説」と「憲法改正限界説」の対立がある。

　「憲法改正無限界説」は、(i)「憲法制定権」と「憲法改正権」は同一のものであり、「憲法制定権」は全能であること、(ii) 96条により憲法改正が認められる以上、改正可能な規定や原則と不可能な規定や原則があるのはおかしい、(iii) ドイツ連邦共和国基本法やフランス第5共和制憲法のように、改正を禁止する規定がない、(iv) 法は人間社会に奉仕する手段であり、社会は常に発展・変化するものであるから、それに見合うように法も改正すべきである、などと主張する。

　それに対して憲法学界での通説は「憲法改正限界説」である。「憲法改正限界説」は、(i)「憲法改正権」は「憲法制定権」により創設された権力であり、自己を創設した権力である「憲法制定権力」を「憲法改正権」は改正できない、(ii) 憲法前文や11条、97条はドイツ連邦共和国基本法79条やフランス第5共和制憲法89条のような改正禁止規定と解することが可能である、(iii) 思想的にも「憲法96条の定める憲法改正国民投票制は、国民の制憲権の思想を端的に具体化したものであり、これを廃止することは国民主権の原理を揺るがす意味をもつので、改正は許されないと一般に考えられている」[7]といったように、憲法改正には一定の限界が存在する、などと主張する。

　私見では、憲法改正の限界については通説である「憲法改正限界説」が適切と思われる。憲法96条2項では、「憲法改正について前項の承認を経たときは、天皇は、国民の名で、この憲法と一体を成すものとして、直ちにこれを公布する」とされている。この条文にある「この憲法と一体をなすものとして」の部分からすれば、日本国憲法は全面改正を想定しているわけではない。そして憲法前文にある「そもそも国政は、国民の厳粛な信託によるものであつて、その権威は国民に由来し、その権力は国民の代表者がこれを行使し、その福利は国民がこれを享受する。これは人類普遍の原理であり、この憲法は、かかる原理に基くものであ

14　第1部　自衛隊の変貌

る。われらは、これに反する一切の憲法、法令及び詔勅を排除する」との文言からすれば、日本国憲法は「国民主権」に反する「一切の憲法、法令及び詔勅を排除する」のであり、「国民主権」に反する憲法改正は許されない規範構造となっている。

さらに「国民は、すべての基本的人権の享有を妨げられない。この憲法が国民に保障する基本的人権は、侵すことのできない永久の権利として、現在及び将来の国民に与へられる」という憲法11条、「この憲法が日本国民に保障する基本的人権は、人類の多年にわたる自由獲得の努力の成果であつて、これらの権利は、過去幾多の試練に堪へ、現在及び将来の国民に対し、侵すことのできない永久の権利として信託されたものである」という97条からすれば、日本国憲法で保障されている「基本的人権」は「犯すことのできない永久の権利」として「現在及び将来の国民」に保障されているのであり、「基本的人権の尊重」も憲法改正の対象にはできない規範構造となっている。このように日本国憲法は憲法改正について一定の限界がある法的構造を有している。

▼憲法9条と憲法改正の限界について

憲法改正に限界があるという立場が憲法学界の通説だと紹介したが、その限界の具体的な内容についても争いがある。憲法9条の改正は憲法改正の限界を超えないという見解、9条1項の改正は憲法改正の限界を超えるが、2項の改正は憲法的に許されるという見解、9条1項、2項の改正も憲法改正の限界を超えるという見解に大別される。

私見では、9条1項、2項の改正は憲法改正の限界を超えるという見解が適切だと思われる。憲法9条1項では「日本国民は、正義と秩序を基調とする国際平和を誠実に希求し、国権の発動たる戦争と、武力による威嚇又は武力の行使は、国際紛争を解決する手段としては、永久にこれを放棄する」とされている。「永久にこれを放棄する」の文言からは、「国権の発動たる戦争」「武力による威嚇又は武力の行使」は「永久にこれを放棄する」のであり、9条1項も憲法改正の対象にはできない法的構想を有している。そして「永久にこれを放棄する」ことを実質的に担保するため、9条2項では「戦力の不保持」と「交戦権の否認」が明記されて

第1章 日本国憲法と憲法改正、自衛隊 15

いる。9条2項が改正されることは1項の空洞化をもたらす危険がある以上、9条1項、2項の改正も憲法改正の限界を超えると解するのが適切である。

もっとも、憲法の教科書を見ると、必ずしも9条改正が憲法改正の限界を超えるとは記述されていない。たとえば「日本国憲法がこれまでの諸国憲法に例のない思い切った戦争の放棄という方式をとったことは、確かにその核心的原理だと考えなくてはならず、その根底にある平和主義・国際主義はもちろん憲法改正権の範囲の外にあるものといわなくてはならないが、日本以外の世界のすべての国々が多かれ少なかれ軍備を有し、法律的には少なくとも自衛戦争や制裁戦争の可能性を承認している現在の段階において、日本がそれらの国々と同じ態度をとるという意味の憲法改正をまで日本国憲法が禁止していると解すべき根拠は見出しがたい」[8]「対外侵略の意図も能力ももちえない限度での自衛の軍備のための改定は——平和主義の体質を実質的には著しく変えることにはなるけれども——その政策的是非をまったく別にすれば、憲法的に不能なこととはいいがたい」[9]と記述されている。

しかし、これらの見解は、第2次安倍自公政権以前の自衛隊、つまり法的にも海外での武力行使が認められておらず、専守防衛を逸脱せず、海外派兵能力を持たない自衛隊を前提とした主張である。一方、第2次安倍自公政権以降の自衛隊を明記する憲法改正は、海外派兵の法的根拠と能力をもつ自衛隊を憲法的に承認することになる。こうした憲法改正は、「対外侵略の意図も能力ももちえない限度での自衛の軍備のための改定」という前提を欠くものであり、小林直樹先生や宮澤俊義先生の見解を前提としても、「憲法改正の限界を超える」と評価されよう。

4 おわりに

本稿で紹介してきたように、曲がりなりにも自衛隊の海外派兵や「集団的自衛権」は禁止されるというのが歴代日本政府の立場であった。自衛隊の兵器に関しても、「空母保有」などは憲法的に禁止されるという、

一定の制約が意識されていた。しかし第2次安倍自公政権以降、法的には「集団的自衛権行使容認の憲法解釈の変更」（2014年7月1日）、「安保法制制定」（2015年9月19日）など、日本が攻撃されているわけでもないのに、自衛隊の世界中での武力行使が法的に認められるようになった。また、「いずも」「かが」やF35Bなどの保有のように、「専守防衛」を逸脱し、海外派兵型兵器を保有する自衛隊へと変容しつつある。

　こうした自衛隊は憲法学界の通説である「超警察力説」からはもちろん、今までの歴代日本政府の立場からも、「自衛隊は憲法違反」とされるだろう。このような事態をもたらした責任はほかでもない。「法の支配」を遵守しようという気をもたず、憲法違反の防衛政策を続けてきた安倍首相、そうした安倍首相を支えた自民党・公明党にある。そして、海外派兵能力と法的根拠を有する自衛隊を憲法に明記する憲法改正は、憲法改正の限界を超えるものであり、法的には認められない。そもそも、内閣総理大臣や国会議員には「憲法尊重擁護義務」（憲法99条）があり、多くの国民の要請もないのに憲法改正を主導することこそ、「憲法尊重擁護義務」に反する行為として批判の対象とされなければならない。

[注]
1　政府見解の推移については前田哲男・飯島滋明『国会審議から防衛論を読み解く』（三省堂、2003年）参照。
2　『防衛白書　平成30年版』214頁。
3　小林直樹『憲法講義　上』（東京大学出版会、1967年）201頁。
4　樋口陽一・佐藤幸治・中村睦男・浦部法穂『注解法律学全集1　憲法I』（青林書院、1994年）163頁（樋口陽一執筆）。
5　小林直樹　前掲注3文献　201頁。
6　芦部信喜著・高橋和之補訂『憲法　第4版』（岩波書店、2010年）61頁。
7　芦部信喜著　前掲注6文献　380-381頁。
8　芦部信喜著　前掲注6文献　178-179頁。
9　小林直樹　前掲注3文献　864頁。

第2章

オスプレイを使い、滋賀県高島市の陸上自衛隊饗庭野演習場で行われた日米共同訓練(2019年2月5日、写真提供：共同通信)

日米安保と自衛隊
「ガイドライン」の移りかわりから見る

前田 哲男
まえだ　てつお

軍事ジャーナリスト。1938年、福岡県生まれ。61年、長崎放送に入社、主に佐世保米軍基地を担当。71年フリーとなりミクロネシア・ビキニ環礁の核実験被害、重慶爆撃の実相などを取材。

1　はじめに

　たとえ日米関係がどれほど重要で、そのため安保条約を(政府がいうように)「不可欠の公共財」と受けいれても、なにより日本国憲法のもとの国際条約であるから、憲法という「最高法規」(憲法第98条)がまず

18　第1部　自衛隊の変貌

尊重され、その前提にたって「締結した条約を誠実に遵守する」(同第 2項)」義務があることは別言するまでもない。しかるに、安倍政権の約 7年間——第 1 期 (2006 ～ 07 年) もふくめると 8 年間——におけるふるまいは、憲法の上に安保条約をいただく〈法の下克上〉の累積そのものであった。その究極が〈戦争法〉といわれる「安保関連法制」(政府の呼び名では「平和安全法制」2015 年) と、そのもとで容認された「集団的自衛権の行使」という自衛隊活動の新分野設定である。そのように憲法と条約との関係を逆転させた以上——苦しまぎれか、それとも計算づくかは問わず——行きつく先が「改憲」にいたるほかないのは必然のなりゆきといえる。

歴史をたどると、「憲法と安保条約」はけっして矛盾・対立の産物のみではなかった。締結時 (そして形式上はいまも)「憲法のもとの安保」である。それは正式名称「日本国とアメリカ合衆国との間の相互協力及び安全保障条約」からもうかがえる。たとえば、「集団的防衛」を明記した NATO (北大西洋条約機構) や ANZUS (米・豪・NZ 条約) はもとより、米・韓、米・比の 2 国間安保にしても、条約名称に「相互防衛」の目的をかかげ、かつ条文に「欧州」または「太平洋地域における共同行動」が盛られている。日米安保の「相互協力」と、それ以外の「相互防衛」の名称じたいに、「憲法 9 条」の有無という実質的な差違が内包されているのである (60 年安保国会で、岸信介首相はそのように説明した)。

名称だけではない。安保第 5 条には「日本国の施政の下にある領域における、いずれか一方に対する武力攻撃……に対処するように行動する」と規定される。すなわち、日米両軍事組織の共同行動の発動範囲が「日本国の領土・領海・領空」にかぎられ、したがって自衛隊は「個別的自衛権」の限度でしか行動できないようにつくられている。ここにも 9 条の反映がある。そこから解釈すれば、「安保関連法制」は (憲法とともに)〈安保条約にさえ反する〉ものといわなければならない。

ならば、なぜ米政府は〈自国に不利な〉条約を受けいれたのだろう。それは自衛隊との共同行動よりも、第 6 条「基地の許与」(実質部分は「日米地位協定」に規定) のほうを重視したためだ。締結時には、防衛協力に

まして（日本占領時から維持してきた）基地権益こそがより大きな獲得目標だったトランプ大統領が最近さかんに口にする〈日米安保不平等発言〉は、そうした条約の構造や、そのもとで日本側が負担した莫大な基地、資金提供を無視した暴論である。

　ともあれ、それがいかなる経緯ののちに「集団的自衛権」や「インド太平洋」にいたったのか？

2　吉田茂『回想十年』に見るカラクリ

　米側は、安保第5条で、米軍は日本への集団的自衛権を行使するが、自衛隊には個別的自衛権しかもとめないという不均衡、いわば〈日本のただ乗り〉をみとめた。だが、その代償として、第6条に在日米軍基地の自由使用権を書きこんだ。基地利用権は「極東における国際の平和及び安全の維持に寄与するため」にもおよぶ。ここでは〈米側がただ乗り〉である。すなわち「条約区域」（5条）は日本領域だが、米軍「駐留目的区域」（6条）は極東全域となり、さらに「米軍行動区域」にいたると全世界にひろがる。事実、ベトナム戦争時（60年代）における在日基地使用は「極東周辺における米軍活動」として正当化された。返還協定（1972年）以後の沖縄基地の場合、「湾岸戦争」「イラク戦争」はじめアメリカの地域戦争のたびに部隊発進基盤となったのはだれでも知っている。

　とはいいつつ、安保条約は「基地利用」のみのうえに成り立っていたわけではない。自衛隊を米軍と一体化させ指揮下に置こうとする意欲が、自衛隊の全過程――「警察予備隊」（1950〜52年）や「保安隊」（52〜54年）とよばれていた時期――に伏流していた。旧安保（1951年調印）のさい首相だった吉田茂の『回想十年』第3巻（1957年）には、「統合軍司令官の問題」という節があり、経緯がつづられている。

　「日本防衛の部隊がアメリカ隊、日本隊とでバラバラに行動したのでは意味をなさない。従って双方の部隊を一緒にする統合司令部が当然に考えられるのだが、そうなると誰がこれを指揮するかの問題が出てくる。日米両国の部隊を統合して指揮するとなると、両国部隊の実力比較の上

20　第1部　自衛隊の変貌

からも、また近代戦の実歴からも、当時の占領軍総司令官リッジウェイ大将の如きに匹敵するものは、わが方にいない。（そうなると）当時のわが国の国内事情では、警察予備隊は米軍の隷下に編入され、米軍指揮のままにされるだろうと想像してしまう。現に国会でも、何かこのような秘密の取り決めがありはしないかと、頻りに政府を追及していたのである。」

　結局、この時点では、吉田の「わが内政上の事情において困難がある」という主張に米側が歩みより、「急迫した脅威が生じた場合には、直ちに協議しなければならない」とする、玉虫色の表現で決着した。ファジーな部分は〈安保密約〉に引き継がれた。

　このように日米安保体制は、初期から共同行動・統合司令部を前提としていたことがわかる。「直ちに協議」すればどんな結論になるかは明白だ。その一端は、のちに国会で暴露された日米制服組による秘密計画――「三矢研究」（昭和38年度統合防衛図上研究）や「ブルラン作戦計画」（昭和40年度協同作戦計画）における指揮系統――の内容からも読みとれる。つまり集団的自衛権の萌芽は初期から存在していたのである（第2部第1章「自衛隊の実態」で詳述する）。

3　1978年　第1次ガイドライン

　日米間〈軍・軍連携〉が、公然と両政府によって取り決められたのは、1978年11月、日米安保協議委員会で了承された「日米防衛協力のための指針」（通称「ガイドライン」以下同）からのこととなる。以降、それまでもっぱら秘密計画のベールにとざされてきた制服間・部隊相互による防衛協力のありかた＝ウォーマニュアルが、「ガイドライン」という政府間文書により明示されることとなった。のち、1997年と2015年に改定された3つのガイドラインの内容を検討すれば、一歩一歩「集団的自衛権行使」へとにじり寄っていくさまが見てとれる。

　78年ガイドラインには、つぎの柱がたてられた。

　Ⅰ　侵略を未然に防止するための態勢

第2章　日米安保と自衛隊　　21

Ⅱ　日本に対する武力攻撃に際しての対処行動等

Ⅲ　日本以外の極東における事態で日本の安全に重要な影響を与える場合の日米間の協力

ⅠとⅡは、安保第5条の範囲内——それでも「だれが指揮するのか」との疑問はのこるが——で、ひとまず整理できる。問題はⅢである。憲法はもとより安保第5条からも明白に逸脱している。どんな詭弁がなされたか。78年ガイドラインは冒頭に「前提条件」をかかげ、

(1)　事前協議に関する諸問題、日本の憲法上の制約に関する諸問題、及び非核三原則は、研究・協議の対象としない。

(2)　（研究・協議の）結論は、両国政府の立法、予算ないし行政上の措置を義務づけるものではない。

と、政府見解の堅持を表明し、集団的自衛権行使にわたるものではないと強調、とくにⅢにかんしては、「役割分担」や「共同計画」をもたない「研究・協議」の場にすぎないと言いぬけた。

とはいえ、ここから日米安保は、5条にもとづく〈軍・軍連携〉を、（まだ部分的にだが）6条「極東の平和及び安全」という地理的範囲に拡大させる構造に変質する。「ガイドライン」は、制服と部隊へのウォーマニュアルであり共同行動の基礎なので、とうぜん「共通の敵」を想定した「共同訓練」も不可欠となる。最大の要員を有する陸自が、北海道を舞台に米陸軍・海兵隊のあいだで「ヤマサクラ演習」を開始するのは1981年以降だった。また秘密保持も欠かせない。2013年に安倍政権が強行成立させた「特定秘密保護法」の母胎となる「有事法制研究」が開始されたのも、ガイドライン合意と同年のことだった。

第1次ガイドラインは、いうまでもなく米・ソ冷戦期の産物であった。その冷戦が終結し、日米安保が〈反共・対ソ〉という共通目標をうしなうと、「ガイドライン安保」は、べつの脅威をもとめて動きだす。方向も、沿岸防備型「三海峡封鎖」から遠洋型「シーレーン防衛」へと拡大していく。つまり、それまで「対ソ限定」だった日米安保の洋上展開は（そうとは知らずに）中国の警戒心と対抗策を呼び覚ます方向へと変換していくのである（これについても、第2部第1章でふれる）。

4 97年ガイドラインと「周辺事態法」

　本来ならば、東西冷戦終結は、〈日本保護と基地提供のバーター〉からなる日米安保体制に終了をつげる——ヨーロッパでECがEUとなったような別次元の日米新時代へと移行する——契機となるべき時代区分であった。だが、日米安保体制の場合はそうはならず、「日米同盟」なる新名称でよばれるようになったばかりか、「5条安保」（日本の施政権下の防衛）から「6条安保」（周辺事態の共同防衛）へと拡張していくのである。それが「ガイドライン」に反映された。同時期（90年代）の西欧諸国がNATOを存置しながらも、べつに全欧にわたる「共通の安全保障」を模索していき、また並行してドイツやイタリア、ベルギーなど諸国が、不平等な対米地位協定を「国内法優位原則」のもとに改定した流れとくらべると、対照的というほかない。

　たしかに、ヨーロッパとことなる日本近辺の要因——分断された朝鮮半島や中国と台湾問題——が介在していたのは事実である。それを日米政権は〈ソ連にかわる脅威〉とみなして利用した。97年に改定されたガイドラインは、ソ連の脅威にかわって「北朝鮮の脅威」指向のものとなり、また、シーレーン防衛に呼応した「中国海軍の外洋化」が共通の関心事として浮上してくる。

　97年ガイドラインを78年版とくらべると、ふたつの点で明確な相違がある。

　第1に、拘束力の問題である。既述のとおり78年版では、「立法、予算ないし行政上の措置を義務づけるものではない」としていた。それが97年版には、「しかしながら」として、「このような努力の結果を各々の具体的な政策や措置に適切な形で反映させることが期待される」との文言が付加された。具体的な政策や措置とは、国内関連法の整備や双務的な共同行動の強化をさす。その結果、ガイドラインは、「防衛計画の大綱」（おおむね10年間をめどとする自衛隊の長期運用方針）、および「中期防衛力整備計画」（5年間にわたる兵器調達計画）と一体のものとなった。この段階から、ガイドラインは（基地の自由使用を規定した「地位協定」と

第2章　日米安保と自衛隊　　23

ともに)日米安保条約を牽引する原動力となり、米軍と自衛隊の統合戦力化をめざす「最高指針」としての権威と影響力を獲得するのである。

第2に、〈ウォー・マニュアル〉としての実質的意味がある。97年ガイドラインの前年、橋本首相・クリントン大統領は「日米安全保障共同宣言」をかわし、そこで「ガイドライン見直し」もうたわれた。同宣言の副題は「21世紀に向けての同盟」と銘うたれた(以後「日米同盟」が一般名詞化する)。それ以上に重要なことは、この文書では、「日本の施政の下にある地域」(5条)も「極東」(6条)もいっさい使われず、すべて「アジア太平洋地域」と表記され、安保の適用領域が実質的に拡大された。以降、78年ガイドラインⅢで「研究・協議」対象とされた「日本以外の極東における事態での日米間の協力」が、〈日米同盟〉の主題となっていくのである。自民党政権は、すぐさま関連国内法「周辺事態法」(99年)、「船舶検査法」(00年)を制定、新状況に対応した。

5 「アーミテージ報告」が果たした役割

1978年におずおずとスタートした「ガイドライン安保」は、97年の改定によって周辺事態における米軍への「後方地域支援」「海上臨検活動」をふくむ自衛隊活動に変貌していく。それでも「個別的自衛権」と「専守防衛」のたてまえは、まだ維持されていた。それが捨て去られたのは「戦争法」制定(2015年9月)と前後して改定された「2015年ガイドライン」(同年4月)においてである。従来、憲法9条の存在するかぎり行使しえないとみなされてきた「集団的自衛権」が安倍政権により容認(14年7月)された結果、自衛隊活動の地理的範囲はインド太平洋までひろがり、「国際平和共同対処活動」という名の多国籍軍参加まで可能となった。

それら自衛隊の新分野活動、そして米軍との共同作戦は、のちに見る「15年ガイドライン」にさまざまな協力として盛られているが、その内容にふれるまえに、それらが実現するため〈外圧〉の役割をなした「アーミテージ報告」をみておこう。そこから「吉田安保」以来、つねにかわらずつづく〈アメリカの影〉が観察できる。

24　第1部　自衛隊の変貌

アーミテージ報告とは、リチャード・アーミテージ元米国務副長官、ジョセフ・ナイ元国防次官補ら〈知日派〉といわれる超党派グループがおこなった対日提言をいう。2000年、07年、12年、18年と4回公表された。18年版は「21世紀における日米同盟の刷新」と題される。4提言の特徴は、一貫して「集団的自衛権」の解禁を主張しつづけた点にあり、そのもくろみは成功した。

・日本が集団的自衛権を禁じていることが両国の同盟協力を制約している。この禁止を解除すれば、より緊密かつ効果的な安保協力が見込まれる (2000年版)

・米国は太平洋軍に日本の防衛省代表を置き、日本の統合幕僚会議に米軍代表者を置くよう奨励すべきである。これは集団的自衛に関する日本の内部的決定にかかわらず作戦統合にむけた第一歩とみなされるべきである (2007年版)

・日本は米国とともに航行の自由を守るため、南シナ海における監視を強化すべきである (12年版)

そして「集団的自衛権」容認後の18年版では、

・日米は西太平洋における共同統合任務部隊を創設すべきだ。台湾を始め、南シナ海、東シナ海における偶発的な衝突に対応できる。

・日米は米軍と自衛隊が別々に使用している基地の統合と共同使用に向け動くべきだ。最終的には在日米軍は日本の国旗を掲げた基地から部隊運用をするべきだ。

と、日米統合部隊と自衛隊基地の米軍使用 (Japanese-flagged base とある) にまで踏みこんでいる。これまでの「対日勧告」がすべて実現した経過からみれば、〈戦争法後〉の安保協力においてそれが実現しないとは、だれにもいえない。

6　2015年ガイドラインと戦争法

　2015年9月に〈戦争法〉は成立したが、それに先立つ4月「ガイドライン改定」がなされた。そこでは、従来の「平時・日本有事・日本以外

の極東」の区分とはまったくちがう協力のありかたがしめされている。冒頭に置かれた「防衛協力と指針の目的」とは、以下のようなものだ。

- ・切れ目のない、力強い、柔軟かつ実効的な日米共同の対応
- ・日米両政府の国家安全保障政策間の相乗効果
- ・政府一体となっての同盟としての取組
- ・地域の及び他のパートナー並びに国際機関との協力
- ・日米同盟のグローバルな性質

　時期的にも協力形態でもあきらかなとおり、15年ガイドラインは〈戦争法とセット〉で合意されたとみなし得る。大きな位置づけ——「指針は、平和及び安全を促進し、紛争を抑止し、経済的な繁栄の基盤を確実なものとし、日米同盟の重要性について国内外の理解を促進する」——があたえられ、行動地域も作戦限度も消滅した。非核3原則や専守防衛もいちおう引用されているが、それよりまえに安倍政権が13年に決定した「国家安全保障戦略」（そこで「積極的平和主義」がうちだされた）のほうに力点が置かれている。つまり、「ガイドライン」という政府間合意、および閣議決定になる「国家安全保障戦略」という、どちらも国会承認を要しない二国間取り決め文書によって、憲法や長年の基本政策を乗りこえて日米安保協力の柱になったのである。

　専守防衛は〈飾り文字〉としてのこっていても、もはや実体的な力はない。それはガイドラインに盛られた「軍・軍連携」の方向と内容をみていくと、いっそう明確だ。合意段階ではまだ成立していない戦争法＝集団的自衛権行使を前提とした〈アメリカの戦争〉への協力事項が随所に規定されている。たとえば——

- ・海洋安全保障　自衛隊及び米軍は、海洋における日米両国のプレゼンスの維持及び強化等の様々な取組において協力する。
- ・訓練・演習　自衛隊及び米軍は、日本国内外双方において、実効的な二国間及び多国間の訓練・演習を実施する。
- ・捜索・救難　自衛隊は、米国による戦闘捜索・救難活動に対して支援を行う。
- ・アセット（装備品等）の防護　自衛隊及び米軍は、各々のアセットを

相互に防護する。

・領域横断的な作戦　自衛隊及び米軍は領域横断的な共同作戦を実施する。これらの作戦は、複数の領域を横断して同時に効果を達成することを目的とする。

これらを「専守防衛」の文脈で理解するのはほとんど不可能である。ガイドラインは政治文書でなく、自衛隊と米軍指揮官にあたえられた〈ウォー・マニュアル〉だから、いつでも発動できるよう共同計画や共同演習をつうじ現存させておかねばならない。その観点に立つと、15年ガイドラインによって日米安保協力は〈臨戦段階に到達〉したとすることができる。

7 戦争法後の安保協力

戦争法が施行（16年3月）されると、ガイドラインに書かれた協力事項がただちに実行されるようになった。「海洋安全保障」協力にもとづく「共同巡航演習」が東シナ海からインド洋にかけての海域でひんぱんにおこなわれる（詳細は第2部第2章）。「アセット（装備品等）の防護」という護衛任務もはじまった。武器防護についていえば、自衛隊法本来の規定は、部隊が所持・保管する武器を防護するための規定だったが、改正自衛隊法95条の2に「合衆国軍隊等の部隊の武器等の防護のための武器の使用」が新設された結果、その権限が米艦（機）にまでおよぶようになったのである。

政府決定の「自衛隊法第95条の2の運用に関する指針」（16年12月）によると、それは「米軍部隊という、我が国の防衛力を構成する重要な物的手段に相当すると評価することができるものを武力攻撃に至らない侵害から防護するための、極めて受動的かつ限定的な必要最小限の武器の使用」とされた。米艦・機を「我が国の防衛力を構成する重要な物的手段」と認定する、文字どおりの〈日米軍の一体化〉とするほかない認定である。

17年5月、海上自衛隊の護衛艦「いずも」が米海軍の補給艦を護衛し

第2章　日米安保と自衛隊　　27

て房総沖から四国沖まで並走した。「米機護衛」も同時にはじまる。18年の1年間に「弾道ミサイル警戒監視中の米軍艦艇」に3件、「日米共同訓練中」の米軍艦艇に3件、航空機に10件、合計16件の護衛任務が実施、と発表された。ほかに日本海で北朝鮮ミサイル監視中の米イージス艦に給油活動をおこなった事実もあかるみにでている。もし、給油中、護衛活動中に米軍が北朝鮮軍あるいは中国軍と交戦状態にはいったら……ほぼ自動的に自衛隊も応戦する事態に立ちいたる。

　それのみにとどまらない。「国際連携平和安全活動」と名づけられた非国連統括型──したがって従来のPKOとはことなる派遣──への参加の道もひらかれた。19年4月、シナイ半島に展開する多国籍軍・監視団に司令部要員2人が派遣された。まだ部隊参加にいたっていないが、この分野でも実質的な「多国籍軍」派遣にむけた着手が進行中といえる。くわえて、トランプ政権はイラン政府との「核合意」から（北朝鮮の場合と正反対に）離脱表明し、対イラン軍事圧力をつよめつつ、日本をふくむ各国に「有志国連合」結成をよびかけている。「ホルムズ海峡防衛」の有志国連合である。応じれば、「海外派兵」の新類型となろう。

　このように、日米ガイドラインを軸に〈戦争法以前と以後〉をくらべると、9条の危機がそのまま〈戦う自衛隊〉に直結している方向性が理解できる。であるからこそ、全国22裁判所で25件もの安保法制「差止・国賠訴訟」が提起されているのである。日米安保体制は、いま「戦争法＝ガイドライン安保」として、目前に突きつけられている。

「デモ」や「集会」などで主権者の意志を示すことがますます求められる——安保法案に反対する市民の国会前デモ
（2015年8月30日、写真提供：共同通信）

第3章 自衛隊と「文民統制」（シビリアンコントロール）

飯島 滋明
いいじま しげあき

名古屋学院大学経済学部教授。1969年生まれ。専門は、憲法学、平和学。主な著書に、『国会審議から防衛論を読み解く』（共編著、三省堂、2003年）など多数。

1 「文民統制」に関わる最近の出来事

「同年〔2017年。飯島補足〕3月27日の時点で研究本部においてイラク日報が発見されていたにもかかわらず、当時の防衛大臣まで報告が行われていなかったことも判明した（18（平成30）年4月4日公表）。こ

のことは、文民統制に関わりかねない重大な問題が含まれている可能性
があると考えられたことから、18（平成30）年4月4日、小野寺防衛
大臣の指示により、大野防衛大臣政務官を長とする陸上自衛隊のイラク
の「日報」に関する調査チームがおこなわれることになった」。

　上記の記述は『防衛白書　平成30年版』439頁からの引用である。
このように、『防衛白書』にも「文民統制」に関わる記述があるが、「文
民統制」に関する事例や問題は最近でもこれだけではない。南スーダン
PKO日報問題、小西洋之議員に対する空自三佐の言動、そして安倍首
相が主導する「自衛隊明記の憲法改正」など、多くの出来事が「文民統制」
に関わっている。
　最近でも「文民統制」に関わる出来事がこれだけあるということは、「文
民統制」をいまの日本でも論じる必要性が極めて高いことを示している
と思われる。とはいえ、実のところ、いままで「文民統制」が本格的に
論じられることはなかった。
　憲法学界でも、憲法66条2項に言う「文民」の意味については多少
の議論がなされてきたが、「文民統制」そのものがどのような内容をもち、
自衛隊をどのように統制すべきかという視点からは本格的に論じられて
こなかった。その一因は、自衛官や防衛省・自衛隊の言動が問題とは考
えつつも、「文民統制」という文脈で語ることは、論者の主観的意図は
ともかく、結果として自衛隊の存在を憲法的に認めたものと見做される
のを危惧していたことにある。ただ、「自衛隊を違憲とする憲法9条解
釈を維持し続けながらも、現に有権解釈によっては違憲とされていない
限り、自衛隊という法的存在を前提として議論をするのは、別段、背理
でないと考えるべき」[1]だろう。
　「自衛隊」が憲法上認められるかどうかの議論は別としても、実際に
国内最大の実力組織である自衛隊が実際に存在する以上、その実力組織
をどのように統制するかという問題は、個人の権利・自由を擁護すると
いう憲法学の目的からは決して看過すべきではない問題である。そこで
本稿では憲法的視点から「文民統制」について論じる。

第3章　自衛隊と「文民統制」（シビリアンコントロール）　　31

2 「文民統制」とは

　まず「文民統制」とは、どのような内容かを『防衛白書』を手がかりに紹介する。

　『防衛白書　平成30年版』では「文民統制」について、「民主主義国家における軍事に対する政治の優位、又は軍事力に対する民主主義的な政治による統制を指す。わが国の場合、終戦までの経緯に対する反省もあり、自衛隊が国民の意思によって整備・運用されることを確保するため、旧憲法下の体制とは全く異なり、次のような厳格な文民統制の制度を採用している」とのように、敗戦までの日本軍の暴走への反省を踏まえた「文民統制」の制度が採用されていると紹介されている。

　「文民統制」は①国会による統制、②政府による統制、③文民長官（防衛大臣）による統制、④自衛隊内の「背広組」による「制服組」の統制、という4つの類型があるが[2]、より詳細には以下の内容が「文民統制」とされている[3]。

　①国民を代表する国会が、自衛官の定数、主要組織などを法律・予算の形で議決し、また、防衛出動などの承認を行う。

　②国の防衛に関する事務は、一般行政事務として、内閣の行政権に完全に属しており、内閣を構成する内閣総理大臣その他の国務大臣は、憲法上文民でなければならないこと。

　③内閣総理大臣は、内閣を代表して自衛隊に対する最高の指揮監督権を有しており、国の防衛に専任する主務の大臣である防衛大臣は、自衛隊の隊務を統括する。

　④内閣には、わが国の安全保障に関する重要事項を審議する機関として国家安全保障会議が置かれている。

　⑤防衛省では、防衛大臣が国の防衛に関する事務を分担管理し、主任の大臣として、自衛隊を管理し、運営する。その際、防衛副大臣、防衛政策政務官（2名）及び防衛大臣補佐官が政策、企画及び政務について防衛大臣を助ける。

　⑥防衛大臣政策参与が、防衛省の所掌事務に関する重要事項に関し、

自らが有する見識に基づき、防衛大臣に進言などを行う。

⑦防衛会議では、防衛大臣のもとに政治任用者、文官、自衛官の三者が一堂に会して防衛省の所掌事務に関する基本方針について審議する。

3 文民統制をめぐる戦後日本の出来事

「文民統制」には①国会による統制、②政府による統制、③文民長官（防衛大臣）による統制、④自衛隊内の「背広組」による「制服組」の統制、という4つの類型があることを紹介したが、ここで紹介した「文民統制」のどこに重点を置くべきかは、各国の歴史及び社会状況により異なる。本稿ではこのことを考える前提として、まずは戦後日本で「文民統制」が問題となった代表的事例——あくまでほんの一部である——を紹介する。

最初に「三矢研究」（正式名称は「昭和38年度統合防衛図上研究」）。1965年2月10日、社会党の岡田春男議員が衆議院予算委員会での佐藤栄作首相とのやり取りの中でこの研究を暴露した。自衛隊統合幕僚会議が「第2次朝鮮戦争」を想定した有事立法の研究を政府の知らないところで秘かにおこなっていた。統裁官は田中義男陸将だが、彼は旧軍時代、国家総動員業務に従事していた。

「三矢研究」の内容も、2週間で87の法律を成立させること、成立させるべき法律の内容として、国家総動員法、徴兵制など、「田中陸将の"むかしの仕事"をひきうつしたもの」[4]が挙げられていた。この研究を国会で聞いた佐藤栄作首相は激怒し、「私は、かようなことは誠に許せないことだ、かように考えます。〔中略〕私は、同じように国民の一人としてこれを非常に心配しておる。かような事態が政府が知らないうちに進行されている、これは由々しきことだと思います」と発言した[5]。

1978年7月の「超法規発言」。栗栖弘臣統合幕僚会議議長が週刊誌のインタビューに「有事の際、命令を待っていたのでは間に合わないので自衛隊は超法規発言をせざるを得ない」と発言した。福田赳夫首相は栗

第3章　自衛隊と「文民統制」（シビリアンコントロール）

栖弘臣氏を解任したが、栗栖氏は「自衛隊内部では圧倒的に支持された といわれている」[6]。

2004年7月、陸上自衛隊の幹部が自民党の憲法改正案起草委員会に 憲法改正案を提出した。この改憲案は、2004年11月17日に自民党憲 法改正調査会の憲法改正起草委員会が公表した「憲法改正草案大綱」に ほぼそのまま採用されていた。

2007年8月、佐藤正久氏はいわゆる「駆けつけ警護」発言を行った。 佐藤氏は「もしオランダ軍が攻撃を受ければ、情報収集の名目で現場に 駆け付け、あえて巻き込まれるという状況を作るつもりだった」「日本 の法律で裁かれるのであれば喜んで裁かれてやろうと」などと発言した。

2008年10月、田母神俊雄航空幕僚長が「日中戦争は侵略戦争ではな かった」「集団的自衛権は憲法上認められる」という内容の、いわゆる「論 文」——コピペ同様の内容をつなぎ合わせただけの内容で「論文」と言 える文書ではないため、「いわゆる」とつける——を発表した。政府見 解と違う歴史認識を公然と主張したことで田母氏は航空幕僚長を解任さ れた。「超法規発言」で解任され、旧軍出身の栗栖統合幕僚会議議長で さえ、「旧軍や関東軍のような考え方は私以下、自衛隊は一人も持って いない」と退職前の記者会見で発言したが、「30年を経て、制服組トッ プが公然と旧軍を讃えるまでに時代は変わった」のである[7]。

2014年12月、河野克俊統合幕僚長はアメリカを訪問した際、まだ 国会審議が始まってもいない安保法制について「来年夏までに終了する」 と発言した。法律を制定するかどうかを決定するのは国民から選出され た国会議員の役割だが、河野統合幕僚長は法案すら国会に提出されても いない段階でアメリカでこうした発言をした。

さらに、河野克俊氏は2017年5月23日、日本外国特派員協会の記 者会見で、自衛隊明記の憲法改正について「一自衛官として申し上げる ならば、自衛隊の根拠規定が憲法に明記されるということであれば、非 常にありがたいと思う」と発言した。公務員には「憲法尊重擁護義務」(憲 法99条）があり、「一自衛官」としての発言でも公務員である以上、こ うした発言は憲法尊重擁護義務に反する。

2018年4月16日、防衛省の統合幕僚幹部の空自三佐が小西議員に対して「国民の敵」と発言したと報道された。小西議員は参議院議員であり、実際に選挙で選出された「全国民」の代表とされる。一方、選挙で選ばれたわけでもない「幹部自衛官」が小西議員に対して「国民の敵」と発言した。当該空自三佐は「国民の敵」とは発言していないと否定するが、「国益を損なう」「バカ」と発言したことは防衛省の調査でも認めている。

4 日本国憲法と文民統制

1 「誰」が「誰」を「統制」すべきか

▼「自衛官」「自衛隊」に対する統制

敗戦までの日本には、「満洲事変」(1931年)に代表されるように、軍の暴走が日本を戦争に巻き込んだ歴史がある。戦後の歴史を見ても、たとえば佐藤正久氏の「駆けつけ警護発言」は「満洲事変」と同様の危険性を持つものである。主権者である国民が外国での武力衝突を望んでいるわけでもないのに、現場の幹部自衛官が暴走し、日本国民と日本国を戦争に巻き込む危険性を有するものであった。

また、田母神氏の問題も、主権者である国民が中国との関係を悪化させても良いと判断したわけでもないのに、自己の勝手な思い付きで、中国との関係を悪化させる危険性を持つ発言を繰り返すなど、思い上がりも甚だしい暴走であった。小西議員に対する幹部自衛官の発言も、1938年3月3日、「国家総動員法」審議の際に佐藤賢了が立憲政友会の宮脇長吉議員に対して「黙れ」と一喝した「黙れ事件」を彷彿させる。

「日本側にしてみれば、軍隊を動かす者すなわち武官という明治健軍以来の常識がこびりついていて、アメリカ流のシビリアン・コントロールの考えにすぐになじめなかった」のであり、「シビリアン・コントロール(文官統制原則)という日本にまったくなじみのない軍隊運用の原則をいかに新しい組織の中に実体化させるのか」[8]という点に苦心してきた。

しかし、いままで紹介した事例で明らかなように、「文民統制」の定

着は必ずしも成功してはおらず、軍事組織である自衛官の暴走は敗戦までの日本で終焉したわけではない。とりわけ現場の曹士自衛官の献身的な活躍に比べて「幹部自衛官」の思い上がりが目につく。「防衛庁が防衛省へ「昇格」したが、文民統制の実態に不安を抱かせるような出来事が時折生じている」[9] ことからすれば、「自衛隊」や「自衛官」に対する「コントロール」という視点は現在でも決して欠落させてはならない。

▼「政府」に対する統制

ただ、日本国憲法では、やはり軍との関係で統制すべきとされている存在がいる。結論から言えば「政府」である。憲法前文では、「**政府の行為によつて**再び戦争の惨禍が起ることのないやうにすることを決意し」（太字は飯島強調）とされている。

歴史の現実の中から貴重な教訓を学びとった日本の国民が決して忘れてはならないことは、①戦争は政府の行為によって起きるものだということ、②軍備は政府の行為として、政府の独占物として形成されるものだということ、である[10]。アジア・太平洋戦争は「政府の行為」による「惨禍」であったこと、そうした戦争への反省として「政府の行為によつて再び戦争の惨禍」が起こらないようにすることが憲法で規定されている。

こうした憲法の規範構造からすれば、「政府」もコントロールされるべき存在である。

現実問題としても、たとえば1960年の安保条約改定の際、連日10万人を超すデモ隊が国会を取り囲んだが、岸信介首相は「国際共産主義運動の暴力的陰謀」という口実で、「治安出動」（自衛隊法78条）を根拠として自衛隊に国民を弾圧させようとした。元陸軍大佐で1960年3月に陸上幕僚長に就任したばかりの杉田一次氏の指示で、治安出動に備えた演習が自衛隊各地の部隊でおこなわれ、練馬駐屯地には戦車まで用意された。6月15日深夜、岸は赤城宗徳防衛庁長官に自衛隊の出動を促した。しかし赤城氏が反対したため、自衛隊が国民を弾圧することは回避された[11]。

さらに後年になるが、防衛庁（当時）による「慎重論」を押し切り、アフガンやイラクに自衛隊を派兵したのは「小泉内閣」であった。実際に

戦場に派兵される自衛官は内心、反対する者が少なくないにもかかわらず[12]、安倍自公政権は集団的自衛権の行使は許されないという歴代日本政府の憲法解釈を変更し（2014年7月1日）、世界中での武力行使を可能にさせる「安保法制」を成立させた（2015年9月19日）。

そして、自衛隊明記の憲法改正など、世界中で戦うことのできる法整備や兵器調達に前のめりになっているのは現場の自衛官ではなく、安倍自公政権である[13]。最近は特に、自衛隊よりも政府が「戦争できる国づくり」のための法整備や兵器調達に拍車をかけている。

こういった状況を踏まえると、軍事的な視点からも「政府」に対する統制こそ、最も重視されるべきである。「文民統制」を単に軍隊を政府のコントロール下に置くという意味に限定することは極めて危険である[14]。

▼「文民統制」の柱としての「国会統制」

憲法の規範構造に目を転じれば、「立法」でも「司法」でもない事柄は「行政権」（憲法65条）に属すること（「控除説」と言われる憲法学界の通説）、自衛隊に関する事柄は「他の一般行政事務」（憲法73条）となること、そして内閣は国会に対して連帯して責任を負う（66条）など、内閣は国会の監視を受けるべき立場に置かれている。

そこで「文民統制」を語る場合、「国会による統制」に重点が置かれるべきことになる。イギリス、フランス、アメリカの歴史を見ても、「文民統制」の民主的基盤を持つ国家機関（多くの場合、議会）が、軍隊やその長を統制することに「文民統制」の核心がある[15]。「国会による統制は立憲主義的統制の要ともいえるもので、その憲法上の根拠は憲法41条の定める国会の「国権の最高機関性」に求められるべきもの」[16]である。

5 自民党の政策と「文民統制」

1 国会による統制の形骸化

ただ、国会による統制は「形骸化」の道をたどってきた。たとえば2001年の「テロ対策特別措置法」の政府原案は、国会の事後承認すら規定されていなかった。民主党の賛成を得ようとして、小泉政権は国会

の事後承認を盛り込んだ修正案を提出した。民主党などは依然として国会の事前承認を求めたが、小泉首相は「突き詰めて言えば、政府を信頼するか信頼しないかということだと思いますね。時限立法、選挙で選ばれている、2年、この事件に限り、この法案を認めるということが私は既にもう事前承認、国会承認、しかも時限立法ですから、それは突き詰めていけば、政府を信頼できるか信頼できないかということだと思います」(2001年10月16日衆議院テロ特別委員会)と国会で答弁した。

その成立した「テロ対策特別措置法」では、国会の事後承認が要求されるにとどまった(5条)。限時法ゆえに法案への承認自体が国会の事前承認と同じという小泉内閣の理屈は、「イラク対策特別措置法」でも繰り返され(例えば、2003年6月25日衆議院イラク特別委員会での福田康夫内閣官房長官発言)、対応措置の実施は国会の事後承認で済むこととされた(6条1項)。さらに、福田内閣の下で制定された「新テロ対策特別措置法」では、「実施計画」は国会の事後承認すらなく、事後報告で済まされる(7条)。

そして、2015年9月に自公政権が国民世論の反対を押し切って強行採決した安保法制。ほんらい「国会承認」が求められる事柄であっても、「国会承認」が設けられていない。

たとえば「合衆国軍隊等の部隊の武器等の防護のための武器の使用」(自衛隊法95条の2)。自衛隊法95条2項では「前項の警護は、合衆国軍隊等から要請があつた場合であつて、防衛大臣が必要と認めるときに限り、自衛官が行うものとする」と規定された。この規定は「集団的自衛権」に道を開く危険性が極めて高いものであるが、この米艦防護に国会承認が必要とされておらず、防衛大臣の判断で可能とされている。しかも米艦防護の武器使用の判断は現場の自衛官にゆだねられる規定となっている。

また、2019年4月2日、MFO(多国籍部隊監視団)からの要請を受け、安倍内閣は改正PKO協力法を根拠とする「国際連携平和安全活動」を根拠として自衛官2名を司令部要員として派遣する閣議決定を行なったが、こうした派遣についても国会承認が法的要件とはされていない。

安保法制における「国会承認」欠如の一例と言えよう。

2 | 自衛隊明記の憲法改正と「文民統制」

2018年3月、自民党は自衛隊を明記する改憲案（条文イメージ〔たたき台素案〕）を公表した。以下がその規定である。

> 第9条の2第1項　前条の規定は、我が国の平和と独立を守り、国及び国民の安全を保つために必要な自衛の措置をとることを妨げず、そのための実力組織として、法律の定めるところにより、内閣の首長たる内閣総理大臣を最高の指揮監督者とする自衛隊を保持する。
> 第2項　自衛隊の行動は、法律の定めるところにより、国会の承認その他の統制に服する。

この改憲案は、単に自衛隊明記を定めただけではなく、「文民統制」についても定めたと自民党は主張する。

ここで詳細に論じることはしないが、自衛隊明記の憲法改正は、日本が攻撃されたわけでもないのに世界中での自衛隊の武力行使を憲法的にも可能にする。そして自衛隊が憲法上の組織とされることで、自衛隊へのさまざまな協力が国民の憲法上の義務とされる危険性をもたらす。こうして「自衛隊明記」の憲法改正は極めて危険な状況をもたらす可能性がある。

ただ、そうした点を措くとしても、権力を拘束することで個人の権利・自由を守るという「立憲主義」からすれば、自衛隊を憲法に明記するのであれば、最大の国家権力である軍事組織をどのように統制すべきかは「法律委任事項」とされるべきではない。改憲案で詳細に明記されるべきである。しかも自民党の「条文イメージ（たたき台素案）」での統制は、内閣総理大臣が「自衛隊」を統制することだけが明記され、国会が軍事組織の最高指揮官である内閣総理大臣を統制する規定となっていない。「自衛隊の行動は、……国会の承認その他の統制に服する」との改憲案からすれば、自衛隊の行動についても「国会」ではなく、「内閣総理大臣」

第3章　自衛隊と「文民統制」（シビリアンコントロール）　39

が統制すれば十分とされかねない。

　自民党のたたき台素案は、「国会による統制」をますます空洞化させること、また軍の最高指揮官である内閣総理大臣の暴走を国会が統制できる規定となっていない点でも極めて問題がある。

6 おわりに

　いままで紹介したように、敗戦までの日本では、「軍」や「政治家」が暴走し、近隣諸国の民衆や日本国民に対する甚大な犠牲をもたらす「戦争」を起こした。こうした歴史への反省として、戦争や武力行使の関係でも、日本国憲法は軍事組織や政府に対する統制を求めている。

　しかし最近の自公政権は、自衛隊を海外に派兵する法制定に関しても「国会統制」を空洞化する法整備を進めてきた。安倍首相が主導する、自衛隊明記の憲法改正の「条文イメージ（たたき台素案）」（2018年）でも、「文民統制」の問題を政府が自衛隊を統制することに限定し、国会統制をできる限り回避するのを可能にする規定にされている。

　そこで文民統制を追求するのであれば、「国会による統制」こそ重視されるべきである。

　ただ、「国会の統制」を「文民統制」の要として追及しても、実はその実効性には限界がある。というのも、いまの国会は「政府」をコントロールできる状況にないからである。「小選挙区」が導入されたことで、党の執行部が候補者の公認や比例順位の決定権を持つこと、選挙資金の配分を決定することになり、個々の議員が党執行部に「忖度」せざるを得ない状況に置かれている。「小選挙区」のこうした弊害が、軍事問題に限らず、安倍首相の暴走に歯止めをかけることができず、「国権の最高機関」として政府を統制することが予定されている国会の役割を形骸化させる大きな要因となっている。このような状況では、「国会による統制」だけでは軍や政治家の暴走への歯止めとはならない。

　そこで今の日本で求められていることは何か。国会による統制ではなく、私たちが主権者として政治家の動向に気を配り、選挙で平和主義を

空洞化する政党や政治家を落選させること、選挙が行われない際にも、「平和」を空洞化する法制定や政策遂行をする政府に対しては、「国民主権」（憲法前文、1条）や「表現の自由」（憲法21条）を根拠とする、「デモ」や「集会」などで反対の主権者意志を示すことである。主権者である私たち市民による「統制」、これこそが現代日本における「文民統制」として最も求められている。

[注]
1　樋口陽一『現代法律学全集2　憲法Ⅰ』（青林書院、1998年）298頁。
2　小針司『防衛法概観──文民統制と立憲主義』（信山社出版、2002年）258–259頁。
3　『防衛白書　平成30年版』214–215頁。
4　前田哲男『自衛隊　変容のゆくえ』（岩波書店、2007年）177頁。
5　前田哲男　前掲注4文献　188頁。もっとも、その後、佐藤首相は「自衛隊が軍事侵略受けたときの研究をするのは当然」に変わり、最終的には「機密文書管理」の不備を理由に26人が処分された。そしてこの事件では漏洩した側が問題とされ、自民党右派は「秘密保持」のために「国家機密法」の制定を要求するようになる。その後2001年には「テロ特措法」審議のどさくさに紛れて「防衛秘密」（自衛隊法96条の2）が導入、さらに2013年には「秘密保護法」が強行採決された。
6　植村秀樹『自衛隊は誰のものか』（講談社現代新書、2002年）143頁。
7　三宅勝久『自衛隊という密室──いじめと暴力、腐敗の現場から』（高文研、2009年）183頁。
8　前田哲男『自衛隊は何をしてきたのか──わが国軍の40年』（ちくまライブラリー、1990年）28頁。
9　佐藤幸治『日本国憲法論　法律叢書7』（成文堂、2011年）101頁。
10　山内敏弘・太田一男『現代憲法体系②憲法と平和主義』（法律文化社、1998年）369頁。
11　植村秀樹　前掲注6文献　83–84頁。
12　実際に戦場に行かされることになる曹士自衛官が安保法制や憲法改正に反対している様子については、飯島滋明・清末愛砂・榎澤幸広・佐伯奈津子編『安保法制は語る！　自衛隊員・NGOからの提言』（現代人文社、2016年）参照。
13　安倍自公政権の暴走については、半田滋『安保法制下で進む！　先制攻撃できる自衛隊──新防衛大綱・中期防がもたらすもの』（あけび書房、2019年）の、たとえば77–83頁参照。
14　山内敏弘・太田一男　前掲注10文献　366頁。
15　飯島滋明「福田内閣下での憲法状況と改憲問題」『専修大学社会科学研究所月報』535号、2008年、5–6頁。
16　佐藤幸治　前掲注9文献　101頁。

第4章

2019年7月の参院選で、改憲勢力は「改憲の発議」に必要な3分の2を越えなかった（2019年8月1日、写真提供：共同通信）

憲法改正をめぐる政治動向

伊藤 真
いとう まこと

1958年、東京都生まれ。伊藤塾塾長・弁護士。法学館法律事務所、法学館憲法研究所所長、日弁連憲法問題対策本部副本部長、「安保法制違憲訴訟の会」共同代表。

1　憲法改正をめぐる政治動向

　2019年7月の参院選で、与党は改選過半数を上回った。しかし、改憲を主導する自民党は議席数を67から57に減らしたほか、「改憲勢力」は81議席となり、非改選79と合わせても、改憲の発議に必要な3分

の 2 を割り込んだ[1]。それでも安倍首相は、一部野党議員を巻き込んだ改憲論議を進める意向を示している。

　改憲そのものへの安倍首相の前のめりの姿勢は、すでに第 1 次安倍内閣 (2006 年 9 月〜 2007 年 8 月) から始まっていた。「戦後レジームからの脱却」を掲げ、2006 年 12 月に教育基本法を改正して伝統と文化の尊重や愛国心を養うこと等を教育の目標と規定したほか、2007 年 5 月に「日本国憲法の改正手続に関する法律」(以下、「改憲手続法」と略) を制定し、改憲がいつでも可能になった。

　その後、野党となった自民党は 2012 年 4 月、「日本国憲法改正草案」[2]を発表し、憲法 9 条 2 項を削除して「国防軍」を創設するなど、日本国憲法の全面的な改正案を提示した。

　2012 年 12 月から始まる第 2 次安倍政権になると、集団的自衛権の行使を容認する閣議決定 (2014 年 7 月) に次いで、翌 2015 年、それを具体化する新安保法制法が強行採決により成立した。一方で、30 防衛大綱、31 中期防、防衛予算の増強など、憲法とは整合しない下位の規範を通じて外堀を埋め、改憲を先取りする防衛政策を先行させてきた。その実態に合わせて改憲を実行しようというのだろう。その具体的な「条文イメージ」が、2018 年 3 月、自民党の憲法改正推進本部から示されている[3]。

　他方で、アメリカが核合意から離脱してイランに敵対し、緊張を高めている。これに伴い、自衛隊が中東に出向き、海上警備活動を行ったり、米軍の武器等を防護するために武器を使用する (自衛隊法 95 条の 2) ことが現実味を帯びている。

　以上に素描した、自民党を中心とするここ 10 年余りの改憲をめぐる政治動向として、本章では、3 つの問題をとりあげる。自民党が提示した条文イメージ、野党時代の自民党による「日本国憲法改正草案」(2012年。以下、「改憲草案」と略)、第 1 次安倍内閣時代の改憲手続法の制定である。

2 改憲4項目（条文イメージ）……安倍改憲の内容

　改憲を主導する自民党は、改憲案として、自衛隊の憲法明記、緊急事態対応、合区解消、教育充実について「条文イメージ」を発表している（以下「改憲4項目」）。前2者には党内に異論が少なくないため、「条文案」ではなくたたき台素案を「条文イメージ」という形で発表するに止まった。他党では、日本維新の会が、改憲項目として、教育無償化、統治機構改革（地域主権）、憲法裁判所の設置を掲げるが、それ以外の党は、与党公明党を含め、改憲案をまとめる動きはない。

　これらの改憲項目は、党内で条文案の形で合意した後、各党間で合意形成が行われ、一定数の議員または憲法審査会により、関連事項ごとに区分された「憲法改正原案」として国会に提出され、各院で審議が行われる。

1 自衛隊の明記

　現行憲法は、9条1項で「戦争の放棄」を、2項で「戦力の不保持、交戦権の否認」を、各々定める。

　これに対して自民党は、①自衛隊を合憲とする憲法学者が少ないこと、②中学教科書の大半が自衛隊の違憲論に触れていること、③自衛隊を違憲と主張する政党があることを挙げ、違憲論を解消すべきだとし、9条を維持した上で、9条の2として自衛隊の保持を明記し（第1項）、自衛隊の行動を統制に服させる（第2項）案を示している。

　現状の自衛隊を、実体に即して「国防軍」（平成24年の自民党改憲案）と呼ばず「自衛隊」と呼び、かつ現行の9条に手を加えずに9条の2という新条文を追加する形をとろうとするのは、「軍ではありません。9条にも手を付けません。安心してください」として、国民に「何も変わらない」と思わせるためだろう。

　しかし、これでは自衛隊違憲論は解消されない。違憲論は、自衛隊の実質が軍隊であり、それが2項の禁止する「戦力」に当たるという主張である。「違憲論を解消すべき」というなら、2項を削除しない限り、自衛隊が戦力か否かの論議はそのまま残るからである。

44　第1部　自衛隊の変貌

さらに、自衛隊の憲法明記は、「何も変わらない」どころか、日本を全く別の国にさせる。

　9条の2第1項は「前条の規定は、我が国の平和と独立を守り、国及び国民の安全を保つために必要な自衛の措置をとることを妨げず、そのための実力組織として、法律の定めるところにより、内閣の首長たる内閣総理大臣を最高の指揮監督者とする自衛隊を保持する」と規定する。

　第1に、この9条の2第1項前段では「必要な自衛の措置」をとることが認められており、現行の9条が空文化する。まず、法の世界には「後法は前法を破る」というローマ法以来の原則がある。これにより、前法である9条1項、2項を現行のまま置いておいたとしても、後法である9条の2が優先することになる。あたかも9条の2によって現行9条が書き換えられたのと同じ効果を持つ。すなわち新条文は、ここで明記された自衛隊に対しては、9条2項の適用除外規定として働くことになり、戦争・武力行使の放棄、戦力の不保持・交戦権の否認が自衛隊に及ばないと解釈することができてしまうのである。国民の安全を保つために必要な措置という名目で、地理的限定もなく武力行使が許されることになり、これにより、2015年の新安保法制法によって実質的に変更された専守防衛政策が完全に葬り去られることになる。自衛隊明記案という呼称はその内容を正確に示しておらず、国民を誤導するための、そして憲法の本質を改変するための偽装である。

　第2に、改憲の国民投票で自衛隊に国民の支持が示されれば、政府はその期待に応えるべく、自衛隊の活動範囲を広げ、防衛費を増やし、軍需産業を育成し、武器輸出を推進し、自衛官の募集を強化し、国防意識を教育現場で強制するなどして国防国家へと進む。

　第3に、「国防」という価値を憲法が認めることにより、国防という軍事的公共性が憲法上の価値となり、国防目的でのあらゆる人権制約が可能となる[4]。この憲法の下では徴兵制も合憲と解釈されることになろう。

2 | 緊急事態対応

　現行憲法は、国の緊急時への対応として「参議院の緊急集会」のみを設け、地震等の大災害には災害対策基本法、大規模地震対策特別措置法、

原子力災害対策特別措置法、災害救助法など、また有事には国民保護法などの個別の法律で対処する。

これに対して自民党は、災害（戦争・テロ等の人災を含む）で国会が機能しなくなった事態に備え、①行政権限を一時的に強化し、緊急政令で法律同様の法を作ること、②選挙を行わずに議員の任期を延長できることを憲法で定めるべきだとする[5]。

緊急政令に似た仕組みとしては、明治憲法下における天皇が発する緊急勅令があった[6]。しかし日本国憲法では、天皇主権をやめて国民主権に切り換えたので、緊急事態には国会が対応することになった。すなわち、国会開会中はその国会で対応し、閉会中は臨時会を招集し、衆議院が解散中ならば、参議院の緊急集会を開いて災害に対応する。この仕組みの下でも、緊急事態には、先に見たような個別の法制が整備されているから、緊急政令を憲法化しないと困るようなことはない。災害対策の基本は「準備していないことはできない」である。東日本大震災での対応のまずさも、法律はほぼ整備済で、実際には法律を運用する訓練をしていなかっただけである。

任期延長はどうか。国会議員の任期は、憲法で衆議院4年（45条）、参議院6年（46条）である。この定めには、任期が満了すれば新たな選挙を行って議員を選ぶ（43条）ことを国民に保障する意味がある。その権利を一時停止するのが任期延長案だから、それは選挙権や国民主権と緊張関係にある。また、任期延長の判断には手続的にも現議員が保身を図る「お手盛り」の弊害があり、3分の2以上の特別多数決を以てしてもこれを解消することはできない。さらに、与党が政権維持だけを目的に延長を継続するおそれもある。むしろ、災害により投票すら行えないならば、その地域の繰り延べ投票を行うことで十分に対処は可能である[7]。

そもそも国家緊急権は、内乱・恐慌・大規模な自然災害など、平時の統治機構をもっては対処できない非常事態において、国家の存立を維持するために、国家権力が、立憲的な憲法秩序を一時停止して非常措置をとる権限であり、立憲主義と緊張関係にある。そして、軍隊が国家を守るものであり、国民を守るものではないことが軍事の常識であるのと同

じく、国家緊急権は、国家を守るものであり、国民を守るものではない。国家緊急権を、災害時に国民を守るためのものであるとの誤導がここでも行われている。戦争と親和性があり、立憲主義を掘り崩す有害なものであると認識しておかねばならない。

3 | 合区解消

　自民党は参議院の合区解消と称しながら、実は衆参ともに人口比例選挙を否定する改憲案を提唱している。その上で、参議院議員が「広域の地方公共団体」、すなわち各都道府県から、少なくとも一人を選出できると憲法に明記し、合区を廃止すべきだとする[8]。

　しかし、憲法は、主権者たる国民の多数により選出された国会議員による国政運営を予定しており、人口比例選挙が要請され（前文第1文前段、1条、56条2項）、法の下の平等に基づき投票価値の平等を保障する（14条1項、44条）のだが、合区解消案はこれを否定しようとするもので許されない。このような改憲は、「一党支配の復活に向けた党利党略が透けて見える。……まるで自民党の自民党による自民党のための憲法改正である」と日経新聞（18年2月20日社説）が指摘するとおりであり、不要かつ有害である。

4 | 教育充実

　自民党は26条に3項として「国は、教育が国民一人一人の人格の完成を目指し、その幸福の追求に欠くことのできないものであり、かつ、**国の未来を切り拓く上で極めて重要な役割を担う**ものであることに鑑み、各個人の経済的理由にかかわらず教育を受ける機会を確保することを含め、教育環境の整備に努めなければならない」という規定を追加することを発表している。上記太字のような規定を挿入することで、国家のための教育であることが明確になり、教育内容への国家の介入が加速する。

3 2012年改憲草案

　以上のように、改憲4項目は、それぞれに問題点を内包している。

第4章　憲法改正をめぐる政治動向　47

しかし、それらは、自民党が目指す国家像に向けた「突破口」にすぎず、「完成形」ではない。完成形が何かは、自民党が2012年に発表した改憲草案に示されている。この草案は現在も取り下げられてはいないし、野党時代であればこそ、自民党の議員たち自らが目指す「ホンネ」の国家像をのびのびと披瀝したものといえる。

以下、「突破口」としての改憲4項目の先に何があるのかを改憲草案をもとに考えてみる。

1│ 自衛隊の憲法明記の先にあるもの

条文イメージでは、とりあえず現行の条文には手を付けず、自衛隊の存在を明記するが、改憲草案では、平和三原則のうち、戦力の不保持と交戦権否認は削除されている。また、「戦争を放棄」すると定めるものの（改憲草案9条1項）、無制限の「自衛権の発動」を認め（同2項）[9]、「国防軍」を保持することを明記する（9条の2第1項）[10]。だから「戦争を放棄」するとはいっても、戦争への歯止めはもちろん、国際社会で積極的に軍縮・軍備撤廃を推進すべきわが国の責務も放棄したに等しい。前文で平和的生存権が削除されていることはその証しである。

さらに、改憲草案は、「国防軍」に名称変更するだけでなく、その実態も軍隊に変化している。なぜなら、他国並みの軍事組織、統制に関する規定や軍事機密保護法のような軍事法規を法律で定めること（9条の2第4項）、特別の軍事法廷を設置すること（9条の2第5項）が予定されているからである[11]。現在の自衛隊は変貌し、地球の裏側に出向いて集団的自衛権を行使することはもちろん、戦争をする普通の国となるだろう。

さらには、国民に課せられた愛国義務（前文3段）[12]、領土保全義務（9条の3）[13]と相まって、現行憲法が認めない徴兵制も可能になっていく。

専守防衛を放棄した自衛隊の憲法明記の先には、このように平和三原則の放棄、戦争をする国、そして徴兵制が待っているのである。

2│ 緊急事態条項の先にあるもの

改憲草案では、「第九章　緊急事態」を新設し、大災害時に限らずに首相への権力集中を認め、より強力な人権停止を明示している。

すなわち、外部からの武力攻撃、内乱等による社会秩序の混乱、地震等による大規模な自然災害その他の法律で定める緊急事態が発生すれば、内閣総理大臣は緊急事態宣言を発することができる（98条1項）。「緊急事態」は法律でどのようにでも定められることに注意する必要がある。

宣言が発せられれば、第1に、内閣は「法律と同一の効力を有する政令を制定できる」（99条2項）。すなわち、立法権を内閣に集中することにより、時の内閣が新法を作り、また従来の法律を自由に変えることができるようになる。

第2に、宣言により「何人も……国その他公の機関の指示に従わなければならない」（同条3項）。個人の所有物を取り上げるなどの私権制限に限らず、令状なしの拘禁、外出や移動の禁止、出版禁止などあらゆる人権を停止できる。

第3に、この権力集中と人権停止は永続するおそれがある。緊急事態が宣言されると衆議院は解散されず、議員の任期を延長し、選挙を延期する権限が認められれば（同条4項）、宣言そのものが100日ごとに更新できるため（98条3項）、選挙が行われず現在の議員がその地位を永続できる。特にテロ対処などでは、緊急事態の終了判断は曖昧になりやすく、濫用的に更新を繰り返す危険は高まる。総理大臣がその気になれば、政権を永続させることも可能である。その歯止めになる宣言の終期や更新の制限も、改憲草案にはない。

今回の自民党改憲の緊急政令と議員の任期延長は、実はこのような本格的な緊急事態条項への突破口にすぎない。

3 ｜ 合区解消の先にあるもの

自民党は、厳格な人口比例に基づく投票価値の平等や国民主権を軽視し、自分たちの選挙地盤である地方票を重くする仕組みを固めることで、政権維持を盤石なものにしたいのだろう。票の重さを加減して政権に縋る発想は、民主主義とは無縁である。

4 ｜ 教育充実の先にあるもの

自民党のホンネを披瀝した改憲草案26条3項では、教育の目標が、強い国づくりに貢献できる人材育成であり、国に貢献する忠実な歯車を

育成するためだというのである。

これは、改憲草案が、現行憲法の究極の価値である「個人の尊重」(13条前段)を、「人の尊重」に変えて個人の尊重を否定したことの帰結でもある[14]。この国の最大の価値を、「個々人がかけがえのない人生を送ること」ではなく、「強い国になること」に変えようとしているのである。

5│専守防衛政策の放棄の先にあるもの

こうして自民党がめざす改憲の先にあるものは、単に専守防衛という防衛政策の変更ではなく、国家の有り様、国柄の根本からの変更である。それを目指すために2015年の集団的自衛権行使容認を含む新安保法制法による専守防衛政策の実質的な放棄が行われ、それを憲法で追認するべく自衛隊明記という呼称で憲法9条を破壊する偽装改憲を実現しようとしているのである。

4 改憲手続法

以上の具体的な改憲内容よりも先に、どうしても解決しておかなければならない問題が2つある。

1つは、一人一票(人口比例選挙)の実現である。現在の国会議員は、衆参ともに非人口比例選挙すなわち、国民の少数によって選出された議員である。憲法前文が要求する正当な選挙によって選出されていないのだから、まったく民主的正統性はない。そんな無資格者には憲法改正の論議や発議をする権限などあるはずがない。改憲項目を議論する前に、まずは人口比例選挙を実現して、民主的正統性が確保された代表者による国会に是正することが先決である。

もう1つは、改憲手続法に含まれる多くの問題である。

まず、改憲手続法には、国民が憲法改正案に賛否を表明する国民投票について、最低投票率の定めがない。その結果、いくら投票率が低くてもその有効投票の過半数の賛成で国民投票は承認されてしまう。仮に投票率40%であれば、有権者の2割超の賛成で足りてしまう。主権者国民のごく少数の賛成で、国の骨格を定める憲法が変えられてしまうこと

は、将来に亘って政治の不安定を招くことになるだろう。

　つぎに、国民投票運動、特に広告への規制がほぼ存在せず、国民による賛否の判断が歪められるおそれがあることである。

　すなわち、憲法改正が発議されれば、国民投票までの間に国民投票運動が行われるところ、その運動主体に企業、外国の軍需産業などが含まれても何の規制もない。投票の15日以前まではテレビ・ラジオのコマーシャルはやりたい放題であり、資金力豊富な改憲派はテレビ・ラジオを牛耳る広告代理店と結託して番組枠を押さえ、徹底して改憲賛成のCMを流し続けるだろう。さらに投票日の14日以内であっても、有名人やアイドルなどに「自分は賛成です」と語らせる意見広告にはなんら規制はない。また、規制されるのは有料の広告放送だけでインターネット、雑誌、新聞広告は対象とはされておらず、運動資金の上限規制などもない。

　刷り込み効果を持つと言われるテレビコマーシャルはヨーロッパ諸国のように禁止し、英国でのEU離脱の是非を問う国民投票の際の規制などを参考に、広告資金の上限を設けるなどして、資金力の多寡による不公平を是正しなければならない。公正さを手続的に担保されなければ、改憲派と護憲派とを問わず、負けた側の国民が投票の結果に納得できない結果となることを危惧する。それは結局、国論の分断と政治の不安定を招き、国民にとって不幸をもたらすだろう。民放連はコマーシャルの自主規制をしないというのであるから、憲法改正の内容の議論の前に手続法を公平・公正なものにするべきではないのか。国民に対して多元的な情報や意見が平等に与えられ、国民が熟慮するための十分な前提が確保されるまで改憲は決して許すべきではないと考える。

5　国民の責務

　以上のような自民党がめざす改憲により、主権者国民の多数によって正当化される権力行使が不可能となることによって（人口比例選挙の否定）、ますます国民が国政に関与する意欲を失い、国家のための教育を

推進して国家権力に無批判に従う従順な国民・市民に仕立て上げられ、いわば飼い慣らされた家畜に貶められてしまう。さらに、緊急事態の名の下で国民の人権を制限するとともに政権担当者への批判を封じながらその地位を永続化させ、自衛隊を実質的な軍隊として世界中で軍事行動を取ることができる軍事国家へと変貌させられることになる。こうした改憲動向は、単に安全保障政策の変更に留まるものではなく、日本という国全体の国柄が大きく変化することを意味する。このような国家は、誰一人として取り残さず、持続可能な開発を目標（SDGs）とする国際社会において孤立を深めることになろう。本当にそれが国民が望む国家像なのであろうか。

　憲法改正をめぐる政治動向は、国民の憲法意識、国民がどのような国家をめざすのかという主権者意識と密接にかかわる。憲法は主権者国民が制定したものであり、国民によって改正されるものだからである。憲法改悪を阻止するか否かの決定は、最後は国民に委ねられている。今ほど国民の危機意識と主権者としての自覚が求められているときはないと考える。

[注]
1　2019年7月22日東京新聞 Tokyo Web、同朝日デジタル等。
2　「日本国憲法改正草案」自由民主党（平成24年4月27日）。
3　「憲法改正に関する議論の状況について」自由民主党憲法改正推進本部（平成30年3月24日）。
4　詳しくは、拙稿「安倍首相主導の憲法『改正』をいかに阻止するか」法学館憲法研究所報2017年11月（No.17）P.51〜。寺井一弘・伊藤真・小西洋之『平和憲法の破壊は許さない』（日本評論社、2019）P.19〜
5　第73条の2第1項　大地震その他の異常かつ大規模な災害により、国会による法律の制定を待ついとまがないと認める特別の事情があるときは、内閣は、法律で定めるところにより、国民の生命、身体及び財産を保護するため、政令を制定することができる。
　　第2項　内閣は、前項の政令を制定したときは、法律で定めるところにより、速やかに国会の承認を求めなければならない。
　　（※内閣の事務を定める第73条の次に追加）
　　第64条の2　大地震その他の異常かつ大規模な災害により、衆議院議員の総選挙又は参議院議員の通常選挙の適正な実施が困難であると認めるときは、国会は、法律で定めるところにより、各議院の出席議員の3分の2以上の多数で、その任期の特例を定めることができる。
　　（※国会の章の末尾に特例規定として追加）

6 第8条第1項 天皇ハ公共ノ安全ヲ保持シ又ハ其ノ災厄ヲ避クル為緊急ノ必要ニ由リ帝國議會閉會ノ場合ニ於テ法律ニ代ルヘキ勅令ヲ發ス

第2項 此ノ勅令ハ次ノ會期ニ於テ帝國議會ニ提出スヘシ若議會ニ於テ承諾セサルトキハ政府ハ將來ニ向テ其ノ効力ヲ失フコトヲ公布スヘシ

7 詳しくは、拙稿・前掲・P.57～。

8 第47条第1項 両議院の議員の選挙について、選挙区を設けるときは、人口を基本とし、行政区画、地域的な一体性、地勢等を総合的に勘案して、選挙区及び各選挙区において選挙すべき議員の数を定めるものとする。参議院議員の全部又は一部の選挙について、広域の地方公共団体のそれぞれの区域を選挙区とする場合には、改選ごとに各選挙区において少なくとも一人を選挙すべきものとすることができる。

9 第9条第1項 日本国民は、正義と秩序を基調とする国際平和を誠実に希求し、国権の発動としての戦争を放棄し、武力による威嚇及び武力の行使は、国際紛争を解決する手段としては用いない。

第2項 前項の規定は、自衛権の発動を妨げるものではない。

10 第9条の2第1項 我が国の平和と独立並びに国及び国民の安全を確保するため、内閣総理大臣を最高指揮官とする国防軍を保持する。

11 第9条の2第4項 前二項に定めるもののほか、国防軍の組織、統制及び機密の保持に関する事項は、法律で定める。

第9条の2第5項 国防軍に属する軍人その他の公務員がその職務の実施に伴う罪又は国防軍の機密に関する罪を犯した場合の裁判を行うため、法律の定めるところにより、国防軍に審判所を置く。この場合においては、被告人が裁判所へ上訴する権利は、保障されなければならない。

12 前文第3段 日本国民は、国と郷土を誇りと気概を持って自ら守り、基本的人権を尊重するとともに、和を尊び、家族や社会全体が互いに助け合って国家を形成する。

13 第9条の3 国は、主権と独立を守るため、国民と協力して、領土、領海及び領空を保全し、その資源を確保しなければならない。

14 第13条 全て国民は、人として尊重される。生命、自由及び幸福追求に対する国民の権利については、公益及び公の秩序に反しない限り、立法その他の国政の上で、最大限に尊重されなければならない。

よこすかサマーフェスタでは、海上自衛隊基地が公開された（2019年8月3日、海上自衛隊横須賀地方総監部にて。撮影：編集部）

第5章

防衛省・自衛隊の広報・宣伝活動の方法と特徴

飯島 滋明
いいじま しげあき

名古屋学院大学経済学部教授。1969年生まれ。専門は、憲法学、平和学。主な著書に、『国会審議から防衛論を読み解く』（共編著、三省堂、2003年）など多数。

1 はじめに

『防衛白書　平成30年版』435頁では、「防衛省・自衛隊の活動は、国民一人一人の理解と支持があって初めて成り立つものであり、分かりやすい広報活動を積極的に行い、国民の信頼と協力を得ていくことが重

要である」と記されている。内閣府の調査でも、自衛隊の評価が高まっていることを踏まえ「防衛省・自衛隊の実態がより理解されるように、今後も様々な広報活動に努めていく」とされている。ここでは防衛省・自衛隊による広報・宣伝活動の方法とその特徴について紹介する。

2 防衛省・自衛隊の HP から

防衛省・自衛隊の HP には「広報・イベント」という項目がある。そこには以下の項目が掲載されている。

広報動画
　　⇒防衛省動画チャンネル
広報活動
　　⇒交流イベント・セミナー等
　　⇒見学・体験ツアー
　　⇒広報施設
情報発信
　　⇒防衛白書
　　⇒出版・パンフレット
　　⇒公式 SNS・メール配信・RSS
2020 年東京オリンピック・パラリンピック競技大会と
ラグビーワールドカップ 2019 への取組
　　⇒ IDRC 国際防衛ラグビー協会
　　⇒ 2020 年東京オリンピック・パラリンピック競技大会と
　　　ラグビーワールドカップ 2019 への取組
その他
　　⇒観閲式・観艦式・航空観閲式
　　⇒その他
Ｑ＆Ａコーナー
　　⇒防衛省・自衛隊の『ここが知りたい！』

第5章　防衛省・自衛隊の広報・宣伝活動の方法と特徴　　55

以上、紹介したように、防衛省・自衛隊の HP ではさまざまな広報・宣伝がされている。さらには Facebook などに加え、陸自、海自、空自はそれぞれ Instagram を開設している。

3 ネットやテレビ、YouTube などでの宣伝

1 ネットやテレビ、YouTube などでの宣伝

上記で紹介した防衛省・自衛隊の「防衛省動画チャンネル」の個所を見ると、「防衛省・自衛隊の取組や活動等について YouTube『防衛省動画チャンネル』を利用した動画配信を行っています。また、内閣『政府インターネットテレビ』でも防衛省・自衛隊の動画配信を行っています」と紹介されている。

防衛省・自衛隊の動画を見て気づくのは、若い女性が多用されていることである。2014 年度は AKB48 の島崎遥香さん、2015 年度は壇蜜さん、2016 年度、2017 年度は駒井蓮さんと池田純矢さんといったように、人気のある女優・俳優が活用されている。壇蜜さんは「自衛隊リクルート隊長」に任命されており、壇蜜さんが陸・海・空自衛隊の訓練に参加している様子が放映されている。また、若い男女の自衛官の様子が紹介されている。

なお、こうした宣伝 CM は防衛省・自衛官の HP だけではなく、テレビ CM やタウンビジョンでも放映される。たとえば 2014 年 7 月 1 日から放映された「陸海空自衛官募集」のテレビ CM では、「自衛官という仕事。そこには、大地や、海や、空のように、果てしない夢が広がっています」「さあ、あなたの可能性へ」と島崎遥香さんが語りかけている。2018 年 3 月 19 日から 25 日まで、渋谷ハチ公前の屋外ビジョン Q'S EYE では 30 秒の海上自衛隊の PR ビデオが 1 日 4 回、放映された。2018 年のテーマは「精強」「家族との絆」「女性自衛官の活躍」であった。

なお、ここで留意すべきことがある。なにかというと、学生などの若者は「テレビ」よりも「YouTube」を観ることが多いことである。「テレビは観なくても YouTube を観る」という学生もいるし、なりたい職業

56　第 1 部　自衛隊の変貌

では「女優・俳優」よりも「YouTuber」という学生もいる。若者への宣伝では YouTube は無視できない存在であり、防衛省・自衛隊の宣伝でも YouTube が多用されている。

2 Web 動画「自衛隊のソレ、誤解ですから」

ここでは動画の一つで、2019 年 7 月 1 日に防衛省が配信した「自衛隊のソレ、誤解ですから！」(Vol.1、Vol.2) を紹介する(「　」は発言内容、(　) 内は発言者と人数)。

Vol.1 では誤解①「やっぱりみんな体育会系ですか？」との設問に「帰宅部です (男性 1 人)」「元科学部です (男性 1 人)」「元合唱部です (女性 2 人・男性 1 人)」「元美術部です (男性 1 人)」とそれぞれの隊員が回答している。誤解②「毎日キツそう」との発言には「だいたい残業はありません！(男性 10 人)」と回答し、誤解③「仕事は肉体系ばっかり？」との質問には「ラッパを吹いています (男性 1 人)」「白衣の自衛官です (女性 2 人)」「いろんな仕事あります (男性 3 人・女性 3 人)」と回答している。誤解④「自由がなさそう…」との発言には、「夜ゲームしています (男性 3 人)」「僕は漫画派です (男性 1 人)」「僕はお菓子派です (男性 1 人)」と回答している。誤解⑤「基地から出られないってホント？」との設問には「都市伝説です (男性 1 人)」「遊園地行ってきます (女性 3 人)」などと発言している。誤解⑥「男ばっかり」との設問には「増えてまーす。女性自衛官 (女性自衛官 3 人)」「増えてまーす (女性 3 人)」「増えてまーす (女性自衛官 6 人)」「増えてまーす (女性自衛官 3 人)」と回答している。

Vol.2 の内容をすべて紹介はしないが、誤解⑧「既卒者ってムリ？」との設問には「32 歳まで OK！(男性 3 人)」、誤解⑨「先輩、怖そう」の個所では「そんな時代じゃないですよね (男性 2 人)」、誤解⑪「ママの人とか居なさそう」との設問には、子どもと女性が映り、「託児所もあります」と女性が発言している。この動画に代表されるように、防衛省・自衛隊の広報・宣伝動画では、自衛隊が「怖い」「きつい」などのイメージを払拭しようと試みられているものが少なくない(もっとも、この Web 動画については「現役自衛官の間で大響讐」との記事もある[1])。

3 『MAMOR』(マモル)

第 5 章　防衛省・自衛隊の広報・宣伝活動の方法と特徴　57

この原稿を書いている最中（2019年7月）、防衛省・自衛隊のHPを何度も見ているが、HPの最初に出てくるのは、海上自衛隊の制服を着た、若い女性の写真である。実はこの写真、雑誌『MAMOR』の表紙である。『MAMOR』は防衛省が取材協力する雑誌であり、自衛隊の業務内容や訓練などが紹介されている。『MAMOR』は「自衛隊マニア」よりも一般読者をターゲットにしていることもあり、軍事的な内容に限定されていない。表紙や最初の写真では、女性アイドルなどが自衛官の制服を着た写真などが掲載され、「マモルの婚活　自衛官と結婚しよう！」「一発必中？　マモキャラ占い！」「全国自衛隊の隊員食堂」など、一般市民にも関心をひく記事が掲載されている。

　ちなみに「マモルの婚活　自衛官と結婚しよう！」では独身自衛官を紹介し、「パーソナル情報を見て、気になる人がいたら手紙にてご連絡を。マモルがアナタのすてきな出会いを応援します」と記されている。

4　広報施設

　防衛省・自衛隊には、次頁の表のような広報施設がある。

　こうした自衛隊の広報館には、戦車やヘリコプター、艦船や潜水艦などが展示してあり、とくに子どもの興味をひくものとなっている。また、売店では自衛隊にちなんだ食品や物品などが販売されている。

5　基地公開

　陸上自衛隊の駐屯地・分屯地、あるいは海上自衛隊や航空自衛隊の基地は特定の日に一般公開され、自衛隊の装備や訓練も公開される。具体的な公開日や内容などは各駐屯地や基地のHPで紹介されている。たとえば、佐世保では原則として土日などには海上自衛隊の艦船の一部が公開される。

　こうした基地公開で自衛隊の艦船、航空機を直接見た人たちは自衛隊の装備の「カッコよさ」に魅力を感じる人も少なくない。なお、最近では、

防衛省・自衛隊の広報施設

施設名	自衛隊区分	場所
陸上自衛隊広報センター 「りっくんランド」	陸上自衛隊	東京都練馬区 （埼玉県朝霞市）
陸上自衛隊善通寺駐屯地 「乃木館(乃木資料館)」	陸上自衛隊	香川県善通寺市
陸上自衛隊新発田駐屯地 「白壁兵舎　広報資料館」	陸上自衛隊	新潟県新発田市
海上自衛隊呉資料館 「てつのくじら艦」	海上自衛隊	広島県呉市
海上自衛隊鹿屋航空資料館	海上自衛隊	鹿児島県鹿屋市
海上自衛隊佐世保資料館 「セイルタワー」	海上自衛隊	長崎県佐世保市
航空自衛隊浜松広報館 「エアーパーク」	航空自衛隊	静岡県浜松市

こうした基地公開の際にも「自衛官募集」の宣伝がなされている。

　ただ、たとえば陸自の公開訓練の際、戦車などの空砲の音に驚いて泣き出す子ども、両耳をふさいで肩をすくめて怯える女性を見かけることも少なくない。こうした子どもや女性が自衛隊にどのようなイメージを持つのか、正直、私にはよくわからない。

6　学校での宣伝

　防衛省・自衛隊の各地方本部は「インターンシップ」を実施している。たとえば自衛隊札幌地方協力本部HPに掲載されているインターンシップ情報を見ると「陸・海・空自衛隊を直に感じる8日間!!　自衛隊インターンシップは、陸・海・空自衛隊が行うたくさんの仕事体験を通じて、大学の皆さんに幹部自衛官ならではのリーダーシップや自衛隊の団体生活の**楽しさを知ってもらう企画です**」（太字は飯島による強調）と紹介されている。

札幌地方協力本部のHPによれば、体験できる職種は「陸上自衛隊、海上自衛隊、航空自衛隊」であり、「体験できる仕事は●戦闘機研修●各種訓練体験●各種装備品見学●部隊研修●駐屯地宿泊体験●ヘリコプター搭乗体験●若手幹部自衛官との懇談等」と紹介されている。こうした「インターンシップ」を経験した男女の学生たち数人に話を聞いたが、自衛隊に好意的な感想を持つようになっていることが少なくない。たとえ自衛隊に入隊しないとしても、「インターンシップ体験」を通じて、少なからぬ学生たちは「自衛隊」という組織に親近感を持つようになる。

7 災害派遣

1 HA／DR（ハーダー）

　たとえば世界最大のイスラム教国のインドネシアでは「嫌米」が多く、2003年3月の調査の米国への好感度はたった15％であった。ところが約20万人の死者を出したスマトラ沖大地震と大津波に際してアメリカ軍が救援活動をおこなったあとの2006年の世論調査では、インドネシアの63％の人がアメリカに好意を持つと回答している。一方、オサマ・ビンラディンに対する支持は2003年のときには58％であったが、アメリカが救援活動をおこなったあとの2006年には12％に低下した。

　こうした人道支援（Humanitarian Assistance）と災害救助（Disaster Relief）の頭文字をとり、HA／DRと呼ばれている[2]。このようにアメリカ軍は「人道支援」という手段を活用し、アメリカの影響力を広げる戦略を用いている。

　そして、日本への米軍配備も「人道支援」「災害救助」と関連付けられて正当化されている。たとえば「未亡人製造機」「空飛ぶ棺桶」と悪評高い「オスプレイ」だが、『防衛白書　平成30年版』297頁では「MV-22〔米海兵隊オスプレイ〕は、その高い性能と多機能性により、**大規模災害が発生した場合にも迅速かつ広範囲にわたって人道支援・災害救助活動を行うことが可能であり、14年（平成26年）から防災訓練でも活用されている**」（太字は飯島強調）と、また298頁では「CV-22〔横田基地

60　第1部　自衛隊の変貌

に配備された米空軍のオスプレイ。飯島注〕についても、MV–22 と同様、大規模災害が発生した場合には、捜索救難などの人道支援・災害救助活動を迅速かつ広範囲にわたって行うことが可能とされている」と記されている。

2│「災害派遣」

2018（平成 30）年 1 月 11 日から 21 日までに全国の日本国籍を有する 18 歳以上の者 3,000 人に対して行われた調査（有効回収数 1,671 人。回収率 55.7％）の結果が「自衛隊・防衛問題に関する世論調査」の概要」という PDF で内閣府政府広報室から公開されている。この中で、自衛隊に期待する役割として（複数回答可）、「災害派遣」が 79.2％、「国の安全の確保」が 60.9％、国内の治安維持が 49.8％、弾道ミサイルへの対応が 40.2％という順番になっている。やはりこの調査でも、自衛隊に対する国民の高い支持は「災害派遣」への評価となっている。防衛省・自衛隊の宣伝では、「災害派遣」への高い支持率を背景に、自衛隊の役割として「災害派遣」がメインに押し出される。

また、自衛隊の保有する（予定の）兵器に際しても、「災害派遣」に有効と宣伝されることがある。たとえば佐賀空港に配備を計画している陸自のオスプレイに関しても「陸上自衛隊が導入する V–22 オスプレイの佐賀空港配備については、水陸機動団を迅速に輸送することが可能となるため、防衛省としては、島しょ防衛にとって、大変重要な意義を有するものと考えております。また、その高い性能を活用し、災害救助や離島での急患輸送にも有益と考えています（2018 年 2 月 6 日防衛大臣記者会見）」[3] とのように、ここでも「災害救助」「急患輸送」と関連づけられてオスプレイの佐賀配備が主張されている。

2019 年 3 月 26 日、宮古島の警備隊開設式の際、自衛隊基地に反対する多くの市民に対して、自衛官は「災害救助のために来ています」と発言していた。こうして自衛隊は「災害派遣」任務で自らを正当化している。

第5章　防衛省・自衛隊の広報・宣伝活動の方法と特徴　61

8 女性自衛官に関して

　防衛省・自衛隊の広報・宣伝を見れば感じると思うが、若い女性自衛官が多く紹介されていること、そして自衛隊の仕事は大変ではないこと、多くの女性自衛官が活躍していることが紹介されている。

　たとえば本章2で紹介した、**Q＆Aコーナー**の⇒防衛省・自衛隊の『ここが知りたい！』の個所では、「**防衛省における女性職員活躍とワークライフバランス推進のための取組について**」（2017〔平成29〕年7月14日掲載）との項目があり、

Q1.防衛省・自衛隊ではどのくらいの女性職員が働いていますか。
Q2.女性自衛官はどのような職場で活躍していますか。
Q3.女性自衛官のうち、子育てをしながら働く方はいますか。
Q4.防衛省・自衛隊では、女性職員の採用や登用、職員のワークライフバランスをどのように推進しているのですか。
Q5.防衛省・自衛隊では、女性職員活躍とワークライフバランス推進のためにどのようなことに取り組んでいるのですか。

　という質問に対して回答する形で、女性自衛官の労働環境の良さを宣伝するものとなっている。

9 防衛省・自衛隊の広報・宣伝の特徴

　これまで自衛隊の広報・宣伝のあり方を紹介した。ここで防衛省・自衛隊の広報・宣伝の特徴を指摘する。

　まず、自衛隊に対する国民の支持を得るため、防衛省・自衛隊では「災害派遣」「国際協力」が自衛隊の任務として積極的に宣伝されている。そして「オスプレイ」配備のような、多くの市民からは好意的に受け入れられない事柄についても「災害派遣」「急患輸送」などと関連付けられての広報・宣伝がなされる。

62　第1部　自衛隊の変貌

次に、「自衛官募集」が広報・宣伝の中心の一つとなっていることが
自衛隊の広報・宣伝の特徴として挙げられる。たとえば食品会社が自社
の製品をテレビ CM などで宣伝する際、自社の社員募集も併せて宣伝
することは極めて少ない。一方、防衛省・自衛隊の宣伝では「国を守る」
などとの任務の崇高さを宣伝するとともに、そうした崇高な任務に携わ
る隊員募集の宣伝も併せておこなわれることが少なくない。とりわけ最
近では、自衛隊の公開訓練の際でも「自衛官募集」などとの宣伝がなさ
れる。

　そして「自衛官募集」の宣伝の際、「女性自衛官」の獲得にも重点が置
かれていることも防衛省・自衛隊の広報・宣伝の特徴である。女性自衛
官の獲得のため、自衛隊の広報・宣伝に際しては若い女性自衛官が多用
されている。このことは、若い男性には「自衛隊に入隊しよう」という
動機づけの一因となろう。若い女性にとっても、「防衛省・自衛隊」へ
の入隊に対する心理的抵抗感をなくすことに役立つと思われる。2018
年 12 月 18 日に安倍自公政権が策定した「中期防衛力整備計画」でも、「女
性自衛官の全自衛官に占める割合の更なる拡大に向け、女性の採用を積
極的に行うとともに、女性の活躍を推進し、これを支える女性自衛官に
係る教育・生活・勤務環境の基盤整備を推進する」とのように、女性自
衛官の増加が目指されている。その目標達成のためにも、女性自衛官が
広報・宣伝の場で多く紹介されている。

［注］

1　「『ソレ、誤解ですから！』自衛官募集動画が話題　しかし現役自衛官の本音を聞くと……」
　　『デイリー新潮』2019 年 7 月 21 日付〔電子版〕

2　屋良朝博『誤解だらけの沖縄・米軍基地』（旬報社、2012 年）70-71 頁。

3　防衛省・自営隊の HP（https://www.mod.go.jp/j/press/kisha/2018/02/06.html）から。

第 5 章　防衛省・自衛隊の広報・宣伝活動の方法と特徴　　63

第2部 「海外派兵」型自衛隊の現実

第1章

韓国で訓練中の海上自衛隊の護衛艦と米海軍の航空母艦
(2017年11月12日、写真提供：UPI／ニューズコム／共同通信イメージズ)

自衛隊の実態

前田 哲男
まえだ　てつお

軍事ジャーナリスト。 1938年、福岡県生まれ。61年、長崎放送に入社、主に佐世保米軍基地を担当。71年フリーとなりミクロネシア・ビキニ環礁の核実験被害、重慶爆撃の実相などを取材。

1　はじめに

　第1部第2章「日米安保と自衛隊」において、日米安保条約下の自衛隊が「2015年ガイドライン」(日米防衛協力のための指針)と結合した結果、日米間の軍・軍連携に生じた変貌についてみた。

66　第2部　「海外派兵」型自衛隊の現実

要約すると、それは「切れ目のない共同対応」「日米同盟のグローバルな展開」となる。もっといえば、＜米軍＝槍・自衛隊＝盾＞であった従来の関係から、＜肩を並べて戦う＞関係——インド太平洋方面全域にわたる共同行動と「南西諸島防衛ライン」に見られる対中国包囲網構築——にむけた転換とすべきだろう。いうまでもなく、安倍政権がなした「集団的自衛権容認」（我が国と密接な関係にある他国に対する武力攻撃に自衛権を行使できる）により、そうなったのである。

　以後、すでに「米艦護衛」や「国際連携平和安全活動」（多国籍軍参加）などで一部実行されはじめたが、公式には、2017年12月17日に閣議決定された「防衛計画の大綱」をもって、自衛隊部隊の長期運用方針として位置づけられた。日米間軍・軍連携のかなめとなる「日米ガイドライン」については第1部第2章でふれたので、この章では、「戦争法」（安保関連法制）が現実の自衛隊活動にどのような変化をもたらしたか、実態に則してみていく（「南西諸島防衛ライン」構築については、第2部第6章で論じられるので本章ではふれない）。

２　新「防衛計画の大綱」

　改定された「防衛計画の大綱」は、「策定の趣旨」に、「従来の延長線上ではない真に実効的な防衛力を構築するため、防衛力の質及び量を必要かつ十分に確保していく」、また、「従来とは抜本的に異なる速度で変革を図っていく」などと、高い調子の表現をならべつつ、「宇宙・サイバー・電磁波という新たな領域」と、「自由で開かれたインド太平洋というビジョン」という、ふたつの自衛隊活動の場を新設した。「多次元統合防衛力」および「領域横断」（クロス・ドメイン）がキーワードである。どちらも米トランプ政権の戦略目標（宇宙軍創設、インド太平洋への展開戦略）に追従するものだ。

　両者（とくにインド太平洋戦略）が、中国を意識したものであることに疑問の余地はない。「大綱」がかかげた「各国の動向」の筆頭は中国である（「前大綱」で筆頭に挙げられた国は北朝鮮だった）。そこでは「高い水準

第1章　自衛隊の実態　　67

で国防費を増価させ」、「軍事力の質・量を広範かつ急速に強化し」、「より遠方での作戦遂行能力の構築」をしている、などと分析された。「新大綱」は、こうした中国の軍事動向を(日本への)「安全保障上の強い懸念」だととらえ、「今後も強い関心を持って注視していく」としている。この認定からだけでも、安倍政権の中国にたいする並々ならぬ敵意——政治面では「正常化した」といいながら、それと相反する軍事対応——がつたわってくる。

　もうひとつ。奇怪なことに、「新大綱」はここに至ってなお「日本国憲法の下、専守防衛に徹し……」という名分を捨てていないのである。(集団的自衛権と専守防衛が両立するとみなす根本矛盾はひとまず措いても)「宇宙」という新領域、また国土から遠く離れた「インド太平洋」に自衛隊の活動領域を設定しておいて、それを「専守防衛」の概念でつつむのは、どう考えてもつじつまが合わない。しかし、「新大綱」は「今後とも、我が国は、こうした基本方針の下で、平和国家としての歩みを決して変えることはない」とし、つづけて、「その上で……我が国は、これまで直面したことのない安全保障環境の中で……防衛について、その目標及びこれを達成する手段を明示した上で、これまで以上に多様な取組を積極的かつ戦略的に推進していく」と、前段の「平和国家としての歩み」を後段で「積極的かつ戦略的」な取組へと逆転させてしまう。この論法は「集団的自衛権容認」で用いられたものと同一であり、中身だけうまく抜き取る手法において＜巾着切の技＞といわれてしかるべきだ。

　だから、「新大綱」に(文字としてだけ)「専守防衛」が置かれたからといって規範力があるとはいえない。有名無実、羊頭狗肉のたぐいだとすべきである。それは「新大綱」と同日決定された「中期防衛力整備計画」(中期防)の内容に照らすとさらに歴然とする。

3 「中期防」にみる新部隊——サイバー領域

　中期防とは、「大綱」が方向づけた水準達成に必要な部隊と物資調達の5か年計画をいう。2019年から23年度にかけて27兆4,700億円が

支出される（単純に割ると年間約 5.5 兆円）。前中期防は 24 兆 6,700 億円
だったので約 2 兆 8,000 億円増となる。

　ここに盛られた新部隊、新装備そして新行動（典型例として、護衛艦「い
ずも」のインド太平洋方面長期行動については次節でみる）にざっと目を走
らせるだけで、大綱・中期防において——さらには第 1 部第 2 章でみ
た「ガイドライン安保」もふくめ——自衛隊の行動領域と形態が、名実
ともに専守防衛からかけ離れたものへ拡大していくさまがみてとれる。

　「新大綱」で打ちだされた「宇宙・サイバー・電磁波という新たな領域」
と「自由で開かれたインド太平洋というビジョン」を実働面で推進する
ため、中期防にはかずかずの新部隊と装備が登場する。宇宙空間用に「宇
宙領域専門部隊」（航空自衛隊）、「サイバー防衛部隊」（3 自衛隊共同）、「サ
イバー・電磁波作戦部隊」（陸上自衛隊）といった部隊が新編される。

　どれもトランプ政権が計画中の「宇宙軍創設」（陸・海・空・海兵・沿
岸警備につぐ 6 番目の軍）に呼応した動きといえる。それは 2019 年 4 月
に開催された日米外務・防衛担当閣僚による「2 プラス 2」で、「サイバー
攻撃に安保条約が適用される」ことが確認されたことでもあきらかだ。
共同文書には、「悪意あるサイバー活動が日米双方の安全と繁栄にとっ
て一層の脅威となっている」「安保条約第 5 条の規定の適用上『武力攻撃』
を構成し得る」とある。一連の宇宙専門部隊創設が＜サイバー安保＞の
道をひらくのはまちがいない。トランプ大統領は、宇宙軍創設に要する
巨額の費用について「同盟国に公正な費用負担を要求する」（2019 年 1
月 19 日演説）と述べているので、やがて日本に大きなツケが回ってくる
のもたしかだろう。

　そもそも、サイバー分野における違法行為は、だれが攻撃主体なのか
わかりにくいのが特徴で、それが「武力攻撃」なのか、それとも「国際
犯罪」「個人のいたずら」なのかさえ明確でない。ただちに自衛隊の防
衛任務とすることに疑問がある。そうした攻撃に、阻止イコール先制攻
撃となると、ここでも専守防衛と衝突する。いくらサイバー攻撃が危険
だといっても、仕分けの議論（自衛隊まかせでいいのか）や法整備（どこま
でが専守防衛か）を欠いたまま自衛隊の任務とし「サイバー反撃ウイルス」

第 1 章　自衛隊の実態　　69

による攻撃までみとめると、宇宙分野でもアメリカのお先棒かつぎになってしまう。

　しかし現実に、中期防は新部隊設置が明記し、米空軍宇宙コマンド主催のサイバー・ウォーゲームに参加する計画まですでにある。ここからは専守防衛にくわえ「文民統制」──軍・軍連携を政治がきちんと監督しているか──がきちんと機能しているかという、より重い問題も派生してくる。

4　"空母型"護衛艦「いずも」のインド太平洋方面長期行動

　「宇宙・サイバー・電磁波」を垂直方向への軍拡＝脱専守防衛とすれば、「自由で開かれたインド太平洋というビジョン」のほうは、水平線越えの軍拡指向というべきだろう。ここにも専守防衛からかぎりなく遠ざかっていく航跡がみえる。

　2019年4月30日から7月10日まで70日間におよんだ空母型護衛艦「いずも」および汎用護衛艦「むらさめ」「あけぼの」による「平成31年度インド太平洋方面派遣訓練」（約800人、航空機5機）がそれである。海幕発表文によると「目的」として、「インド太平洋地域の各国海軍等との共同訓練を実施し、海上自衛隊の戦術技量の向上を図るとともに、各国海軍等との連携強化を図る。また、本訓練を通じ、地域の平和と安定への寄与を図るとともに、各国との相互理解の増進及び信頼関係の強化を図る」とされる。

　どんな航海だったのか。

　横須賀を出港した艦隊は東シナ海〜南シナ海を南下、マラッカ海峡周辺でシンガポール、フィリピン海軍艦艇などと共同訓練を実施したのちインド洋にはいり、そこでフランス海軍の空母「シャルル・ドゴール」機動部隊と合流、米・豪・カナダの艦艇も参加する4か国共同訓練をおこなった。日仏空母艦隊の共同訓練は初である。復路、ふたたび南シナ海にはいった海自艦隊は6月10日から3日間、米海軍が「航行の自由作戦」という名称で中国に牽制行動をおこなうスプラトリー諸島周辺

70　第2部　「海外派兵」型自衛隊の現実

で、米第7艦隊の原子力空母「ロナルド・レーガン」艦隊と「共同巡航訓練」に従事した。第1部第2章でみた「新ガイドライン」中の「領域横断的な作戦」——「複数の領域を横断して同時の効果を達成する」——の実践といえる。訓練期間中の指揮権が米側にあったことは疑いようがない。

　さらに注目すべきは、派遣艦隊に陸自の「水陸機動団」の隊員30人が乗艦していることだ。＜日本版海兵隊＞と呼ばれ、18年3月に創隊したばかりのこの部隊は、長崎県佐世保市に本拠を置き、目下は1個連隊（約900人）だが、「中期防」には「1個水陸機動団の新編」とあり、将来、3個連隊からなる強襲揚陸部隊となることが見通されている。その陸自・水陸機動団が海自艦艇に同乗して長期に行動をともにしたのである。「海軍陸戦隊」の復活とすべきだろうか。

　長期航海の主役となったのは海自最大の護衛艦「いずも」（満載排水量26,000トン）だが、中期防には、同艦を「短距離離陸・垂直着陸の運用が可能となるよう改修を行う」と記載されている（後述）。いまの飛行甲板にF–35B戦闘機を収容できるための措置、すなわち正規空母への改造である。浮かぶ飛行場＝空母と攻撃戦闘機の合体、ここにも専守防衛ばなれが見てとれる。

5　中国牽制にむけた「海洋安全保障」

　「新大綱」および「中期防」に記載された自衛隊の長期運用方針とそれを実現させる新部隊・装備が、第1部第2章でみた「新ガイドライン」の忠実な反映であることはいうまでもない。より根源的には、トランプ政権が提示する中国封じこめにむけた「インド太平洋戦略」に発するものである。そこで米国防総省が2019年6月1日に公表した「インド太平洋戦略報告書」を手がかりに意図をさぐってみよう。

　「インド太平洋戦略報告書：準備態勢・パートナーシップ・地域ネットワークの推進」によれば、「この地域に対する米国の公約を維持し、同盟国・パートナー国の利益を守るために行動する」と基本方針がしめ

第1章　自衛隊の実態　　71

され、具体的な行動綱領として①地域パートナー国の実力の強化、②国際法・国際規範と航行の自由に基づいた世界秩序の維持、③有事と弾力的備えに必要な接近の提供、④情報共有を含む相互運用性の強化、などが挙げられている。アメリカ主導の「自由で開かれたインド太平洋というビジョン」が柱となる。名指しこそ避けているものの、中国の挑戦にたいする太平洋地域の覇権宣言といえる。当然ながら「安倍版ビジョン」より上位にあるのはたしかだ。

　そこに自衛隊はどう位置づけられているか。同報告書は「日米同盟」を「インド太平洋地域の平和と繁栄における「礎（cornerstone）」と評価し、自衛隊の役割拡大に期待している。こうした背景のなかに護衛艦「いずも」の「インド太平洋方面派遣訓練」を置くと、（いくらインド太平洋が広くとも）しょせんは「トランプの手のひら」で踊っているにすぎないとわかる。原子力空母「ロナルド・レーガン」艦隊との「共同巡航訓練」もまた、その一環にちがいない。

　すでにみたとおり「2015年ガイドライン」には「海洋安全保障」という項目が出現し「領域横断的な作戦」における日米の軍・軍連携が公然化した。それを受けて「大綱」「中期防」に登場した「領域横断（クロス・ドメイン）」だから、主導権（指揮権）は米側にあるとみなければならない。トランプ大統領が2019年になって再三発する＜安保条約不平等発言＞（いくつもあるが、その最新のもの）とは「日本が攻撃されたら米国は戦わなくてはならない。米国が攻撃されても日本は戦わなくてもいい」「われわれが助けるなら、彼らも助けなくてはならない」「（安保条約からの）米国の離脱は全く考えていないが、不公平な合意だ」（2019年6月29日付「朝日新聞」）というものだ。これらは無知を装った恫喝、日本により広範な軍事貢献をさせようとする計略であろう。

　かくして、ガイドライン〜戦争法〜大綱〜中期防とつらなる安倍政権下2015年以降の防衛政策の変容、そして自衛隊活動の垂直＝宇宙領域、水平＝インド太平洋にわたる行動領域の拡大が、ながらく基盤的防衛力・専守防衛・先制攻撃禁止の原則に立ってきた自衛隊の任務・行動・武器使用権限に激変をもたらすこととなったのである。

6 ニワトリが先か、タマゴが先か

ここで一歩しりぞいて、米日両政府がその行動を正当化する「中国海軍の外洋化」とか「接近阻止／領域拒否」(Anti-Access / Area Denial, A2／AD) といわれる現象に目を向けてみよう。

客観的事実として、中国政府が20世紀末から国防予算を増加させ、その大きな部分を海軍近代化に充ててきたのはたしかである。そうした力を背景とした「南シナ海は中国の海」という主張と実効支配がアメリカや日本を刺激し「インド太平洋戦略」にいたった側面も否定できない。尖閣諸島水域周辺でつづく中国公船の活動は、日本国民に中国の膨張主義的対応と受けとめられる。それらじたいが東アジアの平和と安定に有害要因であるのはまちがいない。

「中国の海洋軍拡」はむろん肯定できるものでない。しかし、そのよってきたる淵源、つまり＜ニワトリが先か、タマゴが先か＞の検証も必要であり、さらに軍事的対抗の応酬が「軍拡のシーソーゲーム」におちいる危険も認識しておかなくてはならない。

もともと陸軍主体の人民解放軍にあって＜侍女的存在＞だった海軍が急速に力を増してくるのは1990年代以降のことである。何が起こったのか。

当時、東西冷戦の時代にあって、日米安保協力の日本側最大の分担は、「三海峡」（対馬・津軽・宗谷）を常時監視、有事封鎖できる態勢の構築にあった。その発展形として1980年代（中曽根政権時代）に登場したのが「シーレーン1000海里防衛」と「洋上防空」という自衛隊の新任務だった。2本のSLOC (Sea Lines Of Communication) が設定された。①本土から南西諸島をへて台湾〜フィリピン〜シンガポールにいたる「南西ルート」、②本土から小笠原諸島をへてグアム〜パラオに向かう「南東航路」である。

どちらもソ連太平洋艦隊を想定敵としていた。万一、「三海峡封鎖作戦」で取り逃がしても、海自と空自の艦艇、航空機が2本のシーレーン周辺で行動し、グアム、フィリピン（92年に撤去された）の米軍基地を

第1章 自衛隊の実態 73

防衛するとともに太平洋全域を＜第7艦隊の聖域＞として保持する戦略であった。主敵はあくまでソ連海軍にあった。

しかし、現実に2本のシーレーン（とくに南西ルート）は、東シナ海（黄海）と南シナ海に＜フタをする＞効果があり、中国側からすると日本による「封じこめ策」だと受けとめられた。上海、大連、青島、寧波などの港（軍港でもある）が日本のシーレーン防衛によって妨害されるからだ。その意味で、日米のシーレーン防衛作戦は（意図せずに）中国側に海軍強化のシグナルを送る結果となったのである。それが「海軍強化・外洋化」の引き金になった。つまりシーレーン防衛への屈辱と反発が根底にある。

こんにち中国側が「第1列島線」と呼ぶ「南西諸島〜沖縄〜台湾〜フィリピンは、日本の「南西ルート」と一致し、「第2列島線」にあたる「小笠原諸島〜グアム・サイパン〜パプア・ニューギニアのほうは「南東ルート」とぴったりかさなる。中国の海洋膨張には、こうした＜冷戦の後遺症＞ともいえる痕跡が秘められているのである。たんに中国の膨張主義ですむことではない。

７ とめどない軍拡と破局への道

しかし、現実には＜目には目を＞の応酬がつづく。

中期防の「航空優勢の獲得・維持」の節には、「戦闘機の離発着が可能な飛行場が限られる中、戦闘機運用の柔軟性を向上させるため、短距離離陸・垂直着陸が可能な戦闘機（STOVL機）を新たに導入する」とあり、STOVL機の運用が可能となるように「海上自衛隊の多機能のヘリコプター搭載護衛艦（「いずも」型）の改修を行う」としている。すなわち「いずも」「かが」の2隻をF−35B戦闘機が離発艦できる正規空母に改造したうえでインド太平洋戦略の主役に据えようというのである。

ふしぎなことに、ここでも「『いずも』型の改修を行う」につづけ、「なお、憲法上保持し得ない装備品に関する従来の政府見解には何らの変更もない」とことわっている。防衛白書が毎年記載している「憲法上保有が許されない兵器ICBM、長距離戦略爆撃機、攻撃型空母」をはばかっ

74　第2部　「海外派兵」型自衛隊の現実

たのだろうが、まったくもってナンセンスである（そのため空母化後の「い
ずも」型は「多用途運用護衛艦」と呼称されるらしい。「頭隠して尻隠さず」の
たぐいだ）。

　名称がどうであれ、戦闘機を積んだ日本の空母が数年先、東シナ海や
南シナ海に現われるのは確実のようである。そうなれば南西諸島に戦略
重心を移動させた陸上自衛隊とともに、海・空自による「米艦護衛」「共
同巡航」「共同演習」もますます活発化し日常的になるだろう。冷戦期
に喧伝された「ソ連の脅威」「三海峡封鎖」「不沈空母・日本」の組み合
わせが、今後は場を南方洋上に移し、こんどは中国を相手にあらたな緊
張関係をつくりだしていく状況にある。

　いっぽうの中国側が日本の軍拡を座視するとは思えない。保有ずみの
「遼寧」（ロシアより購入）にくわえ1、2隻の国産空母を建造中とされる。
日中間に「建艦競争」が起こるかもしれない。尖閣諸島の帰属や東シナ
海のガス田開発にからむ海上線引き問題が、まったく様相を変えて浮上
してくる可能性もある。現場でのささいな行き違いが武力の行使にいた
りかねない事態もありうる。

　それだけならまだしも、たとえば、「米艦護衛」中に中国艦艇と米軍
のあいだに思いがけない衝突が起こったとしたら……。ほぼ自動的に護
衛艦や戦闘機は戦場のただなかに投げだされる。日中戦争の発端となっ
た「盧溝橋事件」（1937年）や、アメリカがベトナム戦争に本格介入す
るきっかけとなった「トンキン湾事件」（1964年、のちに米側によるでっ
ちあげだと判明）を引きあいに出すまでもなく、それと似た一触即発状
態が日本周辺海域を常時おおうことになる。安倍政権が推進する「ガイ
ドライン安保」における自衛隊は、そんな近未来を選びとっているので
ある。

8　おわりに　どう打開するか

　「戦争法」がそれをもたらしたのだから、「違憲の安保法制」は廃止さ
れなければならない。もとをただすと、それは「集団的自衛権の行使」

第1章　自衛隊の実態　　75

が（部分的であれ、フル・スペックであれ）合憲だとみなす虚偽の憲法解釈に立脚している以上、それを容認した閣議決定も撤回される必要がある。

　そのうえで、ガイドライン・防衛大綱・中期防の全面にわたる見直しがもとめられよう。「専守防衛の自衛隊」が、いま国民合意の上限であるとすれば、それはいかなる任務・行動・権限にもとづくのかが、具体的な対抗構想・政策として提示されなければならない。「9条を変えさせない」だけでなく「9条を具現化した安全保障政策」が必要となる。くだいて言えば〈専守防衛の見える化〉である。

　中国を敵視する防衛政策が修正されねばならないことも急務だ。南西諸島防衛ラインや「いずも」型護衛艦の空母化、さらにはイージス・アショア設置で得られる「安心と安全」など、小さく、つかの間のものにすぎない。中国側の対抗措置でたちまち＜軍拡のシーソーゲーム＞におちいってしまう。それは麻薬のもたらす陶酔効果でしかない。

　そのような対抗措置の繰りかえし、「ゼロサム・ゲーム」（勝ちか負けか）にいたる不毛の対立でなく、たとえば、「東北アジア非核地帯設置構想」（すでに提案ずみ）や「東北アジア INF 条約」（中距離核戦力全廃条約）のような軍縮を展望した「共通の安全保障」こそが＜安倍安保＞に替わり得るものである。そうした対抗構想が――憲法9条を基盤に――提起されること。そこに〈未来形の護憲〉があるのだろう。

南シナ海で米空母「ロナルド・レーガン」(奥)と共同訓練する
護衛艦「いずも」(海上自衛隊のHPより)

第2章

安全保障関連法と自衛隊海外派遣

半田 滋
はんだ しげる

1955年、栃木県生まれ。東京新聞論説兼編集委員。獨協大学非常勤講師。法政大学兼任講師。防衛政策や自衛隊、米軍の活動について、新聞や月刊誌に論考を多数発表している。

1 国連平和維持活動の歴史は安倍政権で途切れた

　国連平和維持活動（PKO）への自衛隊海外派遣の記録は、南スーダンPKOから撤収した2015年5月に途切れた。撤収を決めたのは安倍晋三首相である。「シビリアン・コントロールなのだから、政治が決定す

るのは当然」という話ではない。恣意的に自衛隊を使う構図が見えるのだ。

　何が恣意的かは、おいおい説明するとして、海外派遣は1992年のカンボジアPKOへの参加から本格化した。自衛隊を海外へ派遣することの是非をめぐって、国論を二分する激しい論戦があり、結局、成立したPKO協力法を根拠に陸上自衛隊の施設科（工兵）部隊約600人が戦火くすぶるカンボジアへ送り込まれた。

　この前年、海上自衛隊の掃海艇など6隻が湾岸戦争後のペルシャ湾へ機雷除去を目的に派遣されているが、自衛隊法の拡大解釈によるなし崩し派遣であり、PKO協力法の制定によって、本格的な自衛隊海外派遣が始まった。

　カンボジアPKOから南スーダンPKOまでの23年間をつないだのは、モザンビーク、ゴラン高原、ハイチ、東ティモール各PKOへの部隊派遣だった。

　現在も南スーダンPKOの司令部で4人の幹部自衛官が働いているが、司令部の仕事はデスクワークであり、憲法で禁じた「海外における武力行使」の境界線上を歩きかねない現場仕事の部隊派遣とは政治的な意味合いが違う。

　現にカンボジアPKOでは、日本人選挙監視員をポル・ポト派の襲撃から守るため武装した隊員たちがPKO協力法では認められていない巡回（パトロール）に踏み切った。東ティモールPKOでは武装集団の襲撃を恐れた邦人の求めに応じ、輸送名目で救出している。

　こうした綱渡りの一方で、ブルドーザー、ショベルローダといった重機を持ち込み、道路、橋脚などの施設復旧を続けてきた陸上自衛隊の活動は、国際社会から高い評価を受けるまでになった。

　国連が13年にPKOの11分野でマニュアル作成を決めた際、日本は「工兵部隊マニュアル」作成の議長国に就任し、主導的役割を果たした。若葉マークから始まったPKO参加は、「国づくり」「人助け」につながる施設復旧に徹することで、リーダーシップを握るまでになったのである。

第2章　安全保障関連法と自衛隊海外派遣　　79

PKO協力法の制定当時、PKOへの参加は自衛隊法上の「余技」にすぎなかった。しかし、06年防衛庁を防衛省に格上げしたのに合わせて、PKOも自衛隊法上の「本来任務」に格上げされた。防衛出動などに次ぐ、重要な任務となり、今日に至っている。

　19年7月現在、自衛隊トップの統合幕僚長（前、陸上幕僚長）、陸上自衛隊ナンバー2の陸上幕僚副長の2人は、PKO派遣の主力となってきた施設科の出身である。かつては戦闘正面職種の普通科（歩兵）、特科（砲兵）、機甲科（戦車兵）が幅を利かせてきた。陸上幕僚長のポストはこの3科で回してきた過去を振り返ると、後方支援職種の施設科は伸長著しい。日本の国際的地位を高めるのに貢献したPKOは、組織人事にまで影響を与えている。

2　南スーダンPKOで初適用された安全保障関連法

　南スーダンPKOは2011年7月、南スーダンのスーダンからの独立と同時に「国づくり」を目的として設立された。陸上自衛隊の施設部隊約350人は、道路補修などの施設復旧を任務として派遣され、途中、戦闘の勃発による一時休止はあったものの、過去二番目に長い、6年に及んだ。

　撤収はその6年目に突然、上意下達で決まった。17年3月10日、安倍首相側近の柴山昌彦首相補佐官（現、文科相）は南スーダンの首都ジュバを訪れ、陸上自衛隊宿営地で隊員が整列する前で活動の終了を告げた。

　このとき派遣されていた第11次隊の部隊長、田中仁朗一佐は帰国後、筆者の取材に「補佐官の訓示で初めて撤収を知った」と述べ、唐突な幕引きだったことを認めている。日本では次に派遣される部隊の訓練も始まっており、当事者の陸上自衛隊でさえ知らない、想定外の撤収命令だった。

　柴山氏は都内での筆者の問いかけに「情報が漏れないよう安倍首相とその周辺だけで撤収を決めた。首相は『（南スーダンの）キール大統領が

激怒しないか』と心配していたが、私が大統領に会って説明したところ、『ああ、どうぞ』という態度だったので杞憂だった」と内幕を明らかにした。

　陸上自衛隊は、過去のPKOで作業終了と撤収の段取りは1年も前に決めてきた。その日に合わせて持ち込んだ重機の操作方法を地元の住民に教育し、最後は現地政府に重機や宿営地の建物、設備を譲渡して自衛隊が去った後でも施設復旧が続けられるようにするのが東ティモールPKO以降の幕引きのあり方だった。南スーダンPKOは唐突に撤収が決まったことにより、重機は国連に寄付するほかなく、重機操作の指導もなく終わった。

　現地では前年7月、宿営地の頭越しに政府軍と反政府軍による激しい銃撃戦があり、自衛隊が戦闘に巻き込まれかねない危険な状況だった。PKO参加五原則のうち、「停戦の合意」の破綻が疑われる事態に発展したが、政府は「停戦の合意が崩れたとは考えていない」（菅義偉官房長官）として撤収を命じることはなかった。

　そして11月になって安全保障関連法にもとづく「駆け付け警護」の任務付与を閣議決定し、「安全保障関連法は初めて適用された」という既成事実化を待って撤収を命じたのである。

　「駆け付け警護」とは、武装集団に襲われたPKO要員や非政府組織（NGO）スタッフを救出するために武器使用すること。これまで政府は、武装集団が「国に準じる組織」だった場合、自衛隊との撃ち合いは憲法9条に違反するとして実施できないとしてきた。

　しかし、14年7月、憲法解釈の変更を閣議決定し、集団的自衛権行使を一部解禁したことに合わせて、PKOについても「自衛隊の前に『国に準じる組織』は現れない」という閣議決定をしたことにより、「駆け付け警護」は合憲化され、安全保障関連法で合法化された。「現れる」か、「現れない」かは、実際に起きてみないとわからない。憲法解釈の変更というよりも「安倍政権の願望」を閣議決定したに過ぎず、集団的自衛権行使の容認と同じく、違憲の疑いが強い。

　ところで、撤収を命じたころの現地情勢はどうだったのだろうか。キー

第2章　安全保障関連法と自衛隊海外派遣　　81

ル大統領が治安安定に力を入れたことから、16年暮れから治安状況は劇的に改善され、部隊は順調に道路補修に取り組んでいた。その事実は、第10次隊までの道路補修距離が平均15kmだったのに対し、第11隊が108kmも補修したことで裏付けられる。治安が安定し、「これから」というタイミングで「帰れ」というのだ。

撤収が決まったことで、国内では野党が「隠ぺいだ」と追及していた南スーダンPKOの「日報問題」は収束に向かった。「日報問題」は一度は破棄したとされた日報が保管されていたことが明らかになり、稲田朋美防衛相の責任問題に発展していた。

また首相は、南スーダンPKOで自衛隊に死傷者が出た場合、「首相を辞任する覚悟はあるか」と野党に詰め寄られ、「もとより（自衛隊の）最高指揮官の立場でそういう覚悟を持たなければいけない」と述べ、首相を辞任する意向を示唆していた。

このころ国内で大騒ぎになっていたのが森友学園に対する国有地の払い下げ問題である。安倍首相夫人の昭恵氏が開校予定の小学校に名誉校長として名前を連ねていたことから、首相は「私や妻が（国有地売却に）関与していたとなれば、首相も国会議員も辞める」と答弁した。

首相を辞任する条件を自らの意思でふたつ並べた安倍首相は、南スーダンPKOからの撤収を表明することにより、条件のひとつを消し去ったことになる。

首相が最優先したのは、隊員の安全でも、国際貢献する日本の立場でもない。「政権の都合」だったのである。自衛隊は安全保障関連法の適用第一号の材料として使われ、次には政権の危機を回避するために政治利用された。自衛隊はまるで「安倍政権の私兵」ではないか。

3 始まった多国籍軍への自衛隊派遣

安倍首相の「自己都合」とはいえ、国際舞台からの自衛隊の退場は、首相が掲げた、自衛隊の積極活用を意味する「積極的平和主義」と相容れない。

82　第2部　「海外派兵」型自衛隊の現実

南スーダン PKO からの撤収を受けて防衛省は、世界 14 カ国・地域で実施されている PKO への参加をあらためて模索した。治安が安定した PKO は古参の国々が席を譲ろうとはせず、アフリカで展開中の 7 つの PKO は、いずれも危険な活動となるのは明らかで、結局、自衛隊が参加できる PKO はひとつもなかった。

　そこで安全保障関連法で追加された「国際連携平和安全活動」への参加が浮上した。すなわち、多国籍軍への参加である。

　安倍政権は 2019 年 4 月、エジプトのシナイ半島でイスラエル、エジプト両国軍の紛争を予防するための停戦監視活動を行う「多国籍軍・監視団 (MFO)」に、司令部要員として陸上自衛隊の幹部 2 人を派遣する実施計画を閣議決定した。2 人はすでに派遣され、イスラエル、エジプト両軍との間で連絡調整などの活動をしている。

　MFO は、1979 年、米国が主導した和平条約に基づいて創設された。シナイ半島におけるイスラエル軍とエジプト軍の動きを監視するため、12 カ国から約 1,200 人の兵士が派遣されている。主力は米軍だったが、トランプ米大統領の意向で撤収が決まり、米軍と入れ代わるようにして自衛隊が派遣された。

　MFO の活動は 11 年、エジプトで起きた民主化運動「アラブの春」以降、過激派組織がテロを繰り返すようになったのを受けて大きく変化した。イスラエル軍とエジプト軍は衝突するどころか、「広範囲に協力」(エジプト・シシ大統領)して掃討作戦を展開している。

　停戦監視の任務が過激派対処に変化したのだとすれば、「エジプトとイスラエルの停戦監視活動に貢献する」(菅官房長官)との説明は筋が通らない。シナイ半島はテロ攻撃が続いており、日本政府は「緊張感をもって注視している」(内閣府国際平和協力本部事務局)というほど危険な活動となっている。

　中立性・公平性を重視する国連が統括していない活動であることも不安材料のひとつだ。岩屋毅防衛相は国会で、MFO はローマに本部があることから国際機関に該当すると説明した。しかし、MFO が国際機関に当たるというなら、類似の多国籍軍はいくつもあり、自衛隊はあらゆ

第 2 章　安全保障関連法と自衛隊海外派遣　　83

る多国籍軍に参加できることになる。

このように、安全保障関連法は「積極的平和主義」という看板政策を実現するための便利な道具として使われている。

4 「インド太平洋構想」に自衛隊を利用

安全保障関連法が施行された2016年3月から5カ月後の同年8月、安倍首相はケニアで開かれたアフリカ開発会議（TICAD）で「自由で開かれたインド太平洋戦略（のちに戦略を構想に変更）」を打ち出した。

「インド太平洋構想」とは、インド洋と太平洋をつなぐ地域の経済構想のこと。だが、本丸は安全保障面での多国間協力にあり、法の支配に基づく海洋の自由を訴え、この地域で影響力を増している中国を牽制する狙いがある。

この構想を受けて海上自衛隊は、米国とインドの2カ国による共同訓練「マラバール」に毎年参加することとし、「マラバール」は日米印の3カ国共同訓練に格上げされた。

3カ国共同訓練となって最初の「マラバール」は17年7月、インド南部チェンナイ沖で行われた。中国の習近平国家主席が提唱した経済・外交圏構想「一帯一路」のうち、洋上の「一路」の途上にあるのがチェンナイ沖である。

米海軍、インド海軍とも空母を参加させており、中国側が「脅威」と受けとめる空母打撃群を構成する必要から、海上自衛隊は空母タイプの護衛艦「いずも」を参加させ、中国の潜水艦を想定した対潜水艦戦などを行った。

これにより、「日本防衛」にとどまっていた自衛隊が「インド太平洋の安定」にまで歩を進め、対中包囲網の一角を担うことになった。「専守防衛」を踏み越えかねない危うい方向転換だが、安全保障関連法の施行によって他国軍との共同行動が地球規模に広がり、実現したのがこの「マラバール」への参加である。

翌18年、3カ国持ち回りの「マラバール」は米軍の当番となり、グア

ム島周辺で実施された。これでは中国に圧力をかけられない。

　そこで海上自衛隊は「平成30年度インド太平洋方面派遣訓練部隊」を編成、空母タイプの護衛艦「かが」、汎用護衛艦「いなづま」「すずつき」の3隻を8月から10月までの2カ月以上にわたり、インド洋や南シナ海へ派遣した。

　そして、先行していた3隻と追いかけてきた潜水艦「くろしお」が南シナ海で合流し、対潜水艦戦訓練を行った。

　これまで海上自衛隊は「専守防衛」の原則から、訓練する海域を日本周辺にとどめてきた。日本からはるかに離れた南シナ海で本格的な戦闘訓練を実施したのは初めてである。

　南シナ海では、南沙諸島、西沙諸島の環礁を埋め立てて軍事基地化を進める中国に対し、米国が駆逐艦などを両諸島へ派遣する「航行の自由作戦」を展開している。米中対立の最前線が南シナ海なのだ。この海への自衛隊の進出は、米中対立に日本が進んで巻き込まれる意志を示したことになる。

　中国外務省の耿爽副報道局長は記者会見で、南シナ海での海上自衛隊の訓練について「域外国は慎重に行動すべきで、地域の平和と安定を損なわないよう促す」と反発したものの、「日本」と名指しせず、「域外国」との表現にとどめた。これは中国が権利を主張する「領海」への侵入がなかったこと、訓練の狙いを図りかねたことが要因とみられる。

　だが、日本政府にとって訓練の位置づけは明確である。「インド太平洋構想」に基づき、中国を牽制する狙いである。

　17年11月に初来日したトランプ米大統領は、安倍首相との間で「インド太平洋構想」について合意し、早速、ハワイに司令部を置くアジア・太平洋方面軍の「太平洋軍」を「インド太平洋軍」に名称変更した。

5　中国公船による尖閣接続水域への連続侵入は意趣返しか

　中国の「一帯一路」に対抗する日米の「インド太平洋構想」。この構想を実現するために自衛隊を活用する根拠が安全保障関連法である。安倍

政権はこの法律を日本がインド太平洋で存在感を示すための「切り札」とみているのだろう。だが、それは同時に「武力衝突の火種」でもある。

海上自衛隊は2019年4月、前年に続き、「平成31年度インド太平洋方面派遣訓練部隊」を編成、「いずも」と汎用護衛艦「むらさめ」を南シナ海へ派遣した。そして5月には、米海軍、インド海軍、フィリピン海軍との間で4カ国共同訓練を実施した。

香港で発行されている週刊誌「亞洲週刊」の毛峰東京支局長は「四カ国訓練の意図をめぐり、中国ばかりでなく、香港、台湾、欧州でも話題になった。日本政府は訓練の意図を説明するべきだ」と話す。

表向き、海上自衛隊は「シンガポールで開催された拡大ASEAN国防相会議(ADMMプラス)とともに実施された多国間訓練に合わせて、これに参加する艦艇が集まり、実施したもの」と説明するが、「多国間で連携して中国を封じ込める」という本音まで公表できるはずがない。

「いずも」「むらさめ」に汎用護衛艦「あけぼの」を加えた3隻は6月10日から12日まで南シナ海で、米海軍の空母「ロナルド・レーガン」を中心とする空母部隊との共同訓練を実施した。これにより、海上自衛隊は3度、南シナ海で本格的な戦闘訓練を実施したことになる。

これに中国政府が無関心でいられるはずがない。中国政府による尖閣諸島の接続水域(領海の外側約22km)への海警局公船の侵入は19年6月14日まで連続64日を記録した。1日置いてまた16日から侵入が始まった。

中国政府は尖閣諸島の領有権を主張し、日本政府による同諸島の国有化以降、公船4隻を接続水域に頻繁に航行させ、月に数回の割合で領海への侵入も繰り返している。これまで接続水域への侵入が続いた最長期間は43日間(2014年8月、9月)だったが、今回はこれを上回った。

日中関係は18年に7年ぶりの安倍首相の訪中などもあり、改善する方向とみられていたが、尖閣諸島の中国公船の活動をみる限り、関係改善は幻想に過ぎなかったようだ。

見てきた通り、先に波風を立てたのは日本側であることは明らかだろう。

中国は 19 年 7 月、南沙諸島の人工島から対艦弾道ミサイルの発射訓練を実施した。「航行の自由作戦」を実施している米国への威嚇とみられるが、南シナ海に恒常的に艦艇を派遣するようになった日本も無関係ではない。米中対立の当事者となった以上、中国の刃は日本にも向けられていると考えなければならない。

　安倍首相は「日本を取りまく安全保障環境が悪化している」と度々、言明するが、安全保障環境を悪化させる要因こそが安全保障関連法だといえないだろうか。首相が悲願とする憲法改正を待つまでもなく、自衛隊は既に憲法の枠を飛び越え、軍隊化しているのではないだろうか。

6　米軍防護が呼び込む集団的自衛権の行使

　ひとつ気がかりなのは、安全保障関連法で実施可能になった米軍防護が引き起こす弊害である。

　安倍政権は 2017 年から踏み切った米軍防護について、同年は米艦艇、米航空機のそれぞれ 1 件を行ったと発表した。翌 18 年の米軍防護は米艦艇が 6 件、米航空機が 10 件の合計 16 件となり、前年の 8 倍に達した。

　米軍防護の中身は非公表とされており、いつ、どこで、どのような理由から自衛隊が米艦艇や米航空機を防護したのか詳細はわからない。例外的に 17 年 5 月に実施した護衛艦「いずも」が米補給艦を防護した場面は、新聞・テレビが報道したことにより、明るみに出た。しかし、この 1 件以外はすべて不明のままである。

　中身が非公表なのは、国家安全保障会議が指針として、前年に実施した米軍防護は 1 年分をまとめて同会議に報告することを定め、さらに国家安全保障会議で得た結論がいずれも特定秘密保護法で定められた特定秘密に指定されているからである。

　国家安全保障会議は首相、官房長官、外務相、防衛相の 4 人が常任メンバーとなり、ほぼ週 1 回の割合で会合を開いている。

　自分たちに報告するルールを自分たちで定めたのだから、茶番と批判されても仕方ない。そして国家安全保障会議というフィルターを通すこ

第 2 章　安全保障関連法と自衛隊海外派遣　　87

とで、米軍防護は特定秘密となり、国民に知らせる必要がないという仕掛けとなっている。軍事情報の囲い込みが日常化しているのである。

米軍防護が非公表である以上、南シナ海に派遣され、米軍と共同訓練を実施する自衛隊が米軍防護を実施していたとしても国民は知る術がない。仮に中国軍の攻撃が米艦艇に向けられ、自衛隊が米艦艇を守ろうとすれば、中国軍への攻撃に踏み切る事態が起こり得る。そのときになって初めて米軍防護が実施されていたことがわかるのだ。

米軍防護とは、自分は攻撃されていないにもかかわらず、米軍への攻撃を理由に先制攻撃に踏み切ることだから、集団的自衛権行使そのものである。日本が他国の戦争に巻き込まれていく悪魔の道標が安全保障関連法なのである。

安全保障関連法が施行されて3年以上が経過した。法案を審議した国会で野党が違憲と指摘したのが集団的自衛権の行使や戦闘地域における他国軍への後方支援であった。現状は幸いに米国が海外で戦争をしていないことにより、米国からの自衛隊の出動要請といった事実上の圧力は掛けられていない。

しかし、見てきた通り、安全保障関連法の施行により、可能となった自衛隊の活動は次々に実施されている。いずれも海外での自衛隊活動にあたり、国民の目に触れることはほとんどない。報道機関の無関心にくわえ、特定秘密保護法の施行により、その実態は霧の向こうに霞んでいる。

霧が晴れ、視界が鮮明になったそのときに現れるのは海外で戦闘し、苦悩する自衛隊の姿なのではないだろうか。

平和祈念像（長崎市、1955年8月8日建立）。
https://nagasakipeace.jp/japanese/map/zone_negai/heiwa_kinenzo.html

第3章

安保法制違憲訴訟の意義と歴史的使命

安保法制違憲訴訟で平和憲法の死守を

寺井 一弘
てらい　かずひろ

弁護士。安保法制違憲訴訟全国ネットワーク代表。1941年、長崎県生まれ。日本弁護士連合会刑事弁護センター委員長、同事務総長、日本司法支援センター（法テラス）理事長などを歴任。

1 明白な違憲状態を許さない

　安倍政権は、2014年7月1日に集団的自衛権行使容認等の閣議決定を行い、2015年9月19日未明の参議院本会議強行採決によって、新安保法制を「成立」させる歴史的暴挙に出た。憲法改正という正規の手

続を経ることなく、戦争への道を切り拓く憲法9条の実質的改定が、内閣による「解釈改憲」という前例のない政治的手法と採決の存在すら確認できない強引な国会運営によって強行されるに至ったのである。

憲法学者の石川健治・東京大学教授はかかる状況に対して「集団的自衛権を容認した新安保法制は安倍政権の解釈改憲によるクーデターである。これが完結されるとすれば最高裁判所の合憲判決となるであろう」と喝破した。民主国家と言われるわが国のこのような事態を、我々は断じて許容することはできない。

2 憲法改悪に向けての策動

安倍総理はこれらを踏まえて2年前の2017年5月3日、「憲法9条を改正し、2020年までに新憲法を施行する」と表明、2018年3月の自民党大会では9条を含む4項目(9条、緊急事態条項、合区解消、教育)について改憲イメージをとりまとめ、憲法改悪を進めていくことを決定した。そして安倍総理は自民党総裁に3選されたことを足場にして自身の任期中に自衛隊を「憲法9条の2」として明記することを至上命題としている。

朝鮮戦争の勃発などによる東西の対立、警察予備隊や保安隊を経ての自衛隊の創設を受けて、1955年に「自主憲法制定」を標榜した自民党の結党以来、歴代の自民党政権は、一貫して日米軍事同盟の強化をはかっている。今日における新防衛計画の大綱と中期防衛力整備計画によるイージス・アショアの配備、いずも型護衛艦の空母化、長距離巡航ミサイル配置とそれを搭載しての敵地攻撃が可能なF35ステルス戦闘機の大量導入など戦争への道を大きく開いている。現在のわが国はきわめて深刻な事態に陥っていると断ぜざるをえない。

3 安保法制違憲訴訟を何故提起したか

我々は、近代立憲史上にも例がない憲法破壊を強行した安倍総理の手

第3章 安保法制違憲訴訟の意義と歴史的使命 91

によって国のあり方を根本的に転換させる改憲をいかなる意味でも認めることができない。そして、三権の一翼を担う司法が一見して明白な違憲状態を看過すれば、民主主義国家制度の自殺を意味すると判断した。平和憲法そのものの破壊を座視するような司法は到底民主国家における司法とは呼べないと考えた。

　私は原爆が投下された長崎の出身であり、安保法制違憲東京訴訟の共同代表のほか、長崎をはじめ全国の裁判の代理人もつとめている。その長崎の原告代表をしておられた谷口稜曄さんは2015年8月9日の長崎原爆犠牲者慰霊平和祈念式典において、次のように述べられている。

　「戦後、日本は再び戦争はしない、武器は持たないと世界に公約した『憲法』が制定されました。しかし、いま集団的自衛権の行使容認を押しつけ、憲法改正を押し進め、戦争中の時代に逆戻りしようとしています。政府が進めようとしている戦争につながる安保法制は、被爆者をはじめ平和を願う多くの人々が積み上げてきた核兵器廃絶の運動、思いを根底から覆そうとするもので、許すことはできません」

　谷口さんは16歳で被爆されて「赤い背中の少年」と呼ばれ、全身をさらし原爆の非人間性と戦争の悲惨さを最期まで訴え続けられたが、2017年8月30日に逝去された。

　同じく16歳で長崎原爆に被爆された平原ヨシ子さんは91歳でつい先日の2019年5月20日に逝去されたが、昨年の1月26日に東京地裁の原告として出頭され、次のように訴えられた。

　「原爆投下は爆心地の浦上で受けて、友人の黒田さんは亡くなりました。自分は喪失感の中で戦後を生きてきましたが、最近はだんだん昔の臭いがしてきています。ああ、これは日本がひょっとしたら、戦争に巻き込まれていく時が来るのかもしれない、絶対に戦争だけはしてはいけないと思っています」

　戦争こそ何千万人を殺戮し、暴力や差別、そして言論弾圧を必然的かつ大量に生み出す最大の人権侵害であること、そして、日本国民が戦後70年間以上にわたって憲法9条のもとで「一人も殺さない、一人も殺されない」という国柄を堅持して戦争への道を食い止め続けてきたこと

を、私たちは決して忘れてはならず、我々の提起した安保法制違憲訴訟はこの谷口さん、平原さんらの命をかけた思いと闘いを肝に銘じて展開されている。

「過去に目を閉ざす者は現在においても盲目である」との言葉はドイツの元大統領ワイツゼッカー氏の演説の一文であるが、我々は石川教授の指摘する「安倍政権のクーデターを完結するのは最高裁判所の合憲判決」を絶対に許さない。

このまま何もしないで傍観することは、石川教授が喝破し、決して先のことではない合憲判決を座視することになる。いま、安保法制違憲訴訟を闘うことは、それを許さないための、我々法律家としてのぎりぎりの使命であると考え、この訴訟の提起を決断したものである。

4 司法の役割と現状

日本国憲法は司法権の独立を明記し、司法に違憲立法審査権を与えた。人権を保障していくためには政治部門から独立した裁判所による公平な裁判が不可欠との考えから、裁判所に「憲法の番人」としての役割を与えたのである。

しかし、戦後70年、日本国憲法のもとで司法の独立は何度も危機に瀕している。最も有名な例は1959年の砂川事件最高裁判決である。第一審の東京地方裁判所は在日アメリカ軍の駐留を9条違反と断じたが（伊達判決）、これが最高裁判所によって破棄されたのである。当時の長官の田中耕太郎氏が事前にアメリカ駐日大使と密談して伊達判決を破棄することを約束していたという驚くべき事実がアメリカの保存公文書から判明するに至った。その後も司法の世界では、札幌地裁所長が「自衛隊の合憲性を裁判所は判断すべきでない」と担当裁判官に示した平賀書簡事件や裁判官の思想信条の統制へと続いていった。平和憲法を突き崩すためには政治が裁判所を抱き込むことが必要不可欠とされてきたのである。とりわけ2015年に安保法制が強行採決されて国会成立して以来、この傾向はますます増長していく。2016年12月、最高裁判所は厚木

第3章　安保法制違憲訴訟の意義と歴史的使命　93

基地訴訟で自衛隊機の飛行差し止めを一部認めた東京高等裁判所の判決を覆して住民を敗訴させ、同じ月に最高裁判所は沖縄辺野古基地建設をめぐる訴訟において沖縄県側の主張を完全に退けた。沖縄では今年の2月24日の県民投票で辺野古基地建設反対が72%に達して県民の総意が如実に示されているにもかかわらず、国政と司法はこれらを一切無視する姿勢を採り続けている。青井未帆・学習院大学教授は2017年の辺野古訴訟・福岡高裁判決に対して「政権への忖度というよりも積極的に憲法を壊すことに加担したと評価されても仕方ない」と論じ、「裁判所が本件安保法制違憲訴訟において司法権に望まれる公正中立な役割を踏まえ、憲法破壊に加担することなく、法の支配の原則にのっとって判断をなされることを強く望みたい」と述べている。

5 安保法制違憲訴訟の意義

　安保法制違憲訴訟の意義は、第1に、80年前のわが国の第二次世界大戦への参戦に対する強い反省にある。この戦争は、2,000万人を超えるとも言われるアジアの民衆の命を奪い、わが国だけでも310万人以上の犠牲者を出した侵略戦争であり、あげく、長崎、広島の原爆や東京大空襲などの戦災をもたらした。暗黒の戦争の時代を決して繰り返してはならない。その戦争の惨禍の上に制定された憲法9条の平和主義の危機を、いま我々は、そしてこの国は、克服しなければならない。そのための訴訟だということである。新安保法制は、憲法9条の平和主義の生命線であった集団的自衛権の行使の禁止という軛を解き放ち、歴史を転換して、この国を再び「戦争をする国、できる国」に変貌させてしまうものだからである。我々は何としてもそれを阻止しなければならない。

　第2に、憲法を蹂躙して行政と立法が暴走するとき、それを抑止するのは司法を措いてほかになく、いまこそ司法が、三権分立の本来的使命を発揮して、この国の岐路を転轍する役割を果たすべきだということである。安保法制は、圧倒的多数の憲法学者はもちろん、元最高裁長官、

元最高裁判事、元内閣法制局長官らを含め、各界から憲法に違反する立法であることが明確に指摘され、多数の反対世論が形成されていたにもかかわらず、民主主義の常道を逸する手法で強行制定された。この行政と立法の暴走の結果を是正することができるのは司法だけであり、しかもことは安保法制の憲法適合性という、すぐれて司法の本来の領域に関わる問題である。いま司法がこの憲法判断を回避し、沈黙し、行政と立法の暴走を追認するならば、わが国の三権分立制度は根底から瓦解してしまうであろう。同時にそれは、わが国が再び軍事国家への道に突き進むのを許すことにほかならない。

　我々は、司法が本来の機能を発揮し、憲法に違反してわが国の平和国家としてのあり方を根本から変容させてしまう、余りにも危険な安保法制の違憲性を宣明し、この違憲立法を無効ならしめ、わが国に法の支配と立憲主義、そして平和主義が回復されることを切望してこの安保法制違憲訴訟を提訴した。司法は、その負託に応えなければならない。そしてそのためには、司法自身も、2016年12月の厚木基地訴訟及び辺野古訴訟の最高裁判決にみられるような、安全保障問題に関して権力の行為を追認する司法のあり方を根本から問い直し「人権の最後の砦」たるべく自己変革をすることが求められている。そして、我々はこの訴訟を通じて、そのことを求め続ける。

　第3に、この訴訟は、安保法制の問題を風化させず、絶えずその違憲性と危険性を問い続ける過程として重要な意義がある。安保法制の国会強行採決に関して自民党の某幹部は「国民はいずれ忘れる」と嘯いたという。しかし我々は忘れない。この立憲主義と平和主義の破壊の暴挙を絶えず問い続ける。その追求が途絶えたとき、この国の憲法と平和の危機はさらに深刻な局面を迎えることになるだろうからである。我々は、国民・市民の平和への大きな不安、軍事国家化がもたらす貧困と差別その他の人権侵害への怒りを結集し、心ある多くの人々と力を一にして人間の尊厳と人権を無視する理不尽に対し真正面から向かい合っていかなければならない。安保法制違憲訴訟は国柄を根底から変えようとする政権への挑戦であると確信している。

6 違憲訴訟提起の経過と現状

　手作り・手探り・手弁当で始められたこの違憲訴訟提訴の道のりは、決して平坦なものではなかった。しかし、多くの犠牲を厭わず、熱意を注ぎ、積極的に協力してくれる方々の輪も広がった。いま、安保法制違憲訴訟は、2016年4月の東京での提訴を皮切りとして、福島、高知、長崎、大阪、岡山、埼玉、長野、神奈川、広島、福岡、京都、山口、大分、札幌、宮崎、群馬、鹿児島、釧路、沖縄、山梨、愛知の22の地方裁判所で25件の訴訟が提起されている。2019年7月現在、原告は7,675名、代理人弁護士は1,685名となっている。

　愛知で違憲訴訟の原告になられたノーベル物理学賞の益川敏英・京都大学名誉教授は「憲法9条を守ろう。どんな小さな声でも集まれば大きな声になる。戦争ができる国になってからでは遅い、戦争が始まってからでは遅いのです。そのために憲法9条を守らなければならない。憲法9条にノーベル平和賞が贈られる日をぜひ見てみたいものです」とのメッセージを全国に送っておられる。

　この間の全国各地の運動、そして一人ひとりの真剣な取り組みを本項において語り尽くすことはできないが、我々は沖縄での提訴について、どうしても語らざるを得ない。わが国の戦後における平和が、沖縄の犠牲の上に存在していることは誰の目にも明らかな事実である。沖縄の米軍基地はこれまで憲法9条の規律が及ばない例外として存在し、返還後も日本国憲法の平和主義、国民主権、基本的人権の保障の基本原理が沖縄に定着することはなかった。米軍専用施設の約70%が日本の全面積の0.6%にすぎない沖縄に集中し、辺野古基地問題はいま、鋭くわが国の安全保障の矛盾を暴き出している。沖縄では、本土において全く報道されていない深刻な事態が引き起こされているが、沖縄の弁護士十数名は、普天間、嘉手納、高江、辺野古の各基地訴訟と平和活動家に対する人権無視の弾圧事件の対応に奔走している。そんな中、新安保法制のもとで戦争準備が前倒しで進められている沖縄の現状を看過することができないとの思いで違憲訴訟提起に踏み切られた。人権擁護と平和憲法

2019年4月12日安保法制違憲訴訟第10回口頭弁論後、記者会見する弁護団と原告ら。中央が、安保法制違憲訴訟全国ネットワーク代表の寺井一弘弁護士。

を死守するために、不眠不休の戦いを続けている沖縄の若手弁護士から、我々は深く学ばなければならない。沖縄県民の戦争を憎み平和を求める熱い思いは、今年2月24日の県民投票の結果にも顕著に表われていることは前述した通りである。沖縄県民のこうした切実な願いは、安保法制違憲訴訟に携わっている我々の魂を激しく揺さぶっている。

7 違憲訴訟の審理と今後の展開

　そして現在、全国25の違憲訴訟は、早く提起した地方裁判所では既に12回の審理期日を経過しているが、今年の4月22日には札幌地方裁判所で第1号の判決が言い渡された。これは第8回の口頭弁論期日において担当の岡山忠広裁判長が唐突かつ強引に審理を打ち切った結果であった。この判決は一見きわめて明白な憲法違反がある重大事件について、証人尋問はもとより原告の本人尋問すら拒否して一刀両断に原告・弁護団の訴えを切り捨てたものであった。その内容も「自衛隊の防衛出動命令等の差し止め請求は不適法」「平和的生存権は法律上保護された

具体的権利ではない」「自らの信条や信念と反する立法等によって精神的苦痛を受けたとしても受忍されなければならない」「安保法の違憲性を判断するものでない」など空疎きわまりないもので、基本的人権を定めた憲法を土足で踏みにじったものであった。この判決こそ憲法の理念を根底から否定し、戦争へ舵を切るという憲法の破壊、蹂躙に手を貸すものにほかならない。ワイマール共和国の崩壊とヒトラー独裁政権の出現の要因として、後世、権力に迎合した裁判官の存在が鋭く批判の対象とされてきたが、この札幌地方裁判所の3人の裁判官も安倍政権による平和憲法破壊に加担したものとして長く歴史的責任を問われ続けることになるだろう。その理由は、政府が2018年12月に策定した新防衛計画の大綱と中期防衛力整備計画において、「イージス・アショア」の配備、「いずも型護衛艦」の空母化、短距離離陸垂直着陸が可能な「F35戦闘機」の大量購入や「長距離巡航ミサイル」の導入など、敵基地攻撃可能な兵器の配備により戦争への道をさらに大きく進めた。この時期に、迫り来る戦争の危機に一切目を背けて憲法判断を避けたことは、司法の戦争加担に他ならないと考えているからである。戦前、司法が治安維持法や軍機保護法など様々な悪法のもとで無辜の人々を弾圧し戦争を推し進めた、あの悪夢の時代を想起して戦慄せざるを得ないということだけは指摘しておきたい。北海道弁護団がこの札幌地裁判決に対して直ちに控訴手続を持ったことは当然のことである。

　しかし一方において、前橋地方裁判所と横浜地方裁判所、そして東京地方裁判所民事10部の「女の会」の裁判では、原告・弁護団が申請していた証人の採用が決定され、去る6月13日には前橋地方裁判所において宮﨑礼壹・内閣法制局元長官、半田滋・東京新聞論説委員、志田陽子・武蔵野美術大学教授（憲法学）がそれぞれの立場から安倍政権によって強行成立された安保法制法が日本国憲法9条に違反していることを鋭く指摘した。宮﨑元長官は「集団的自衛権の行使は憲法が容認する自衛の措置を超えるため憲法違反であるというのが長い間政府や国会の一貫した解釈だった。国家として憲法9条のもとでは集団的自衛権は認められない。横畠内閣法制局現長官が4年前に国会で答弁した『昭和47

年政府見解にある外国の武力攻撃という部分は必ずしもわが国に対するものに限られていない』というのは不可解であり、誤りである」と断じた。私は政権の中枢におられた宮﨑氏の発言はきわめて重いものであると考えている。また自衛隊の実態を長年にわたって取材してきた半田氏は「安保法はいつでもアメリカの武力行使に参加できる、大変な危険な法律である」と証言した。そして志田氏は空襲などの戦争体験を持つ原告らがPTSD（心的外傷後ストレス障害）に苦しんできたことに触れて「安保法制によって人格的侵害が認められる」と述べた。安倍政権の戦争政策が暴走する実態をあらゆる角度から分析して安保法制の違憲性を批判したこの3人の証言は、我々の運動を大きく力づけるものであった。

　私は前橋地裁での証人尋問が認容されることになったこの春から「点を線に、線を面にする違憲訴訟の闘いを展開していこう」と全国に訴えてきたが、それが現実になってきたことを強く実感している。

　私は学生時代から「歴史は解釈するものでなく、変革するものである」という信念を貫いて生きてきたが、これからも平和を愛してやまない全国の仲間と固く連帯して、この闘いを続けていく覚悟である。沖縄辺野古のテント村に立てられていた幟に「諦めた時が敗北である」と書かれていた教えを肝に銘じて、最後まで頑張っていきたいと決意している。

8　最後に

　安保法制違憲訴訟は今後さまざまな推移を辿りながら一審の地方裁判所、そして高等裁判所、最高裁判所で審理が継続されていくことになるであろう。

　歳月の流れは早く、あの忌わしき「集団的自衛権を容認した7.1閣議決定」から5年が経過したが、安倍政権はこの歴史的暴挙の事実を国民が忘却することを期待しながら元号と天皇交替、そして2020年の東京オリンピック・パラリンピックに国民の関心を誘って自衛隊の「軍隊」化を覆い隠し、さらには「新しい国づくり」と称する改憲を一気に実現することを必死に目論んでいる。我々は歴史を再び暗黒の時代に戻すこ

第3章　安保法制違憲訴訟の意義と歴史的使命　99

とをしては決してならない。ドイツは1933年、ヒトラーによるナチス政権の登場によりわずか3カ月の間にワイマール体制を崩壊させてファシズム国家となり、暗黒の時代を迎えたが、我々はこの歴史的教訓をいささかも忘れてはならない。

そのためには、多くの市民の一人ひとりが歴史的真実をしっかり見つめ、自分自身にも向かい合っていくことが求められていると思う。我々は、国民市民と固く連帯しながら、この違憲訴訟を断固として闘い抜いて勝利し、平和憲法を死守してわが国を再び暗黒の時代に引き戻さないために、全力を尽くしていくことが歴史的使命であると深く銘記している。

銃を構えて行軍訓練（2018年9月）
［本章の写真は、すべて城下撮影］

第4章

戦争法のもとで殺し殺される自衛隊に
陸上自衛隊第10師団の訓練からの考察

城下 英一
しろした えいいち

1957年、名古屋市生まれ。2003年から守山駐屯地の自衛隊の活動などを調査・監視してきた。守山駐屯地の実態の変容などを講演する活動も行っている。

1 行軍訓練と自衛隊ウォッチングの始まり

　陸上自衛隊守山駐屯地（愛知県名古屋市守山区）で、行軍訓練が頻繁に行われていることを知ったのは2003年頃である。それまでは演習場や河川敷などで夜間に訓練していたらしいが、次第に露出度を高め、50

人から60人が連なって、通勤時間帯や日中にも幹線道路で行軍訓練をするようになってきた。隊員たちは、迷彩服（自衛隊では戦闘服と呼ぶ）姿で小銃を構え、引き金に指をかけている。背のう（リュックサック）には銃剣も携帯している。「体力向上を目的とした徒歩行進」とはほど遠い軍事演習が市街地で行われていた。「自衛隊が街の中でこんな訓練をするのはやっぱり異常だ」——私が自衛隊の訓練や動向に関心を持つようになったのはこの頃である。こうして自衛隊ウォッチングが始まった。

　地域の平和団体は、「迷彩服での市街地行軍訓練は中止せよ」と駐屯地に申し入れ、訓練反対の宣伝と監視活動を開始した。それまで年間に数十回行われていた徒歩行軍訓練は大幅に減った。しかし、現在も新入隊員の訓練など、年間に数回の行軍訓練が実施されており、駐屯地の正門から100名近い隊員が次々と街に出ていく。

２　陸上自衛隊第10師団

　この守山駐屯地に第10師団司令部が置かれているのは以前から知っていたが、東海・北陸の6県（愛知、岐阜、三重、石川、福井、富山の各県）の部隊を統括し、指令を出している中枢であるという認識はなかった。実際には、師団司令部から師団内の部隊（10師団のホームページには隷下の部隊と書いてある）に、海外派兵や災害派遣、演習や行軍訓練、迷彩服での通勤に至るまで、指示・命令が出されている。

　守山駐屯地では、年に3回駐屯地内を公開している。他の陸上自衛隊の駐屯地でも同様である。つまり、4月の桜フェスティバル、8月の納涼盆踊り、10～11月に行われる師団創立記念行事である。ただ、師団司令部が置かれていない駐屯地では、「駐屯地創立記念」となり、開催時期も異なってくる。守山駐屯地の師団創立記念行事は、師団内のすべての部隊が参加する大規模なもので、隊員や家族、歴代の師団長や議員、自衛隊納入業者などの招待者、元隊員や自衛隊協力会、地域住民など1万人前後が参加する。式典では陸上自衛隊幹部や師団長の挨拶と訓示を通して、彼らの考えている日本を取り巻く情勢や自衛隊の運用方

第4章　戦争法のもとで殺し殺される自衛隊に　103

針を直接耳にすることができる。また、観閲行進（軍事パレード）や訓練
展示（模擬戦闘）からは、各部隊がどんな装備を持ち、日常的にどんな
訓練をしているのかがわかる。午後からは兵器・装備の展示や戦車への
試乗も行われる。

　一般参加者のお目当てはもちろん模擬戦闘である。戦闘機や偵察ヘリ
の上空飛行から始まり、戦車やりゅう弾砲の空包射撃、第35普通科連
隊の機関銃を撃ちながらの突撃、そして最後は「わが部隊の活躍により、
敵部隊を撃破しました」とアナウンスが流れて終了する。私は2003年
より毎年、この模擬戦闘を見てきたが、2014年9月に行われた師団創
立記念行事から大きな変化が現れたことに気づいた。

3　模擬戦闘で自衛隊員が負傷、敵兵士が死亡の衝撃

　「戦後73年間、日本には憲法9条があったので、自衛隊員が戦闘で
亡くなることも、また相手を殺すこともなかった」という言葉はよく耳
にする。しかし、2014年の創立52周年記念行事の模擬戦闘では、自
衛隊の攻撃で敵側の兵士が、ビルの窓枠から上半身を外に投げだしたま
ま動かないというシーンが見られた。自衛隊員にも「負傷者」が発生し、
担架で運ばれていった。自衛隊が敵を殺し、また隊員が負傷する場面を
大勢の観客に見せるのは、長い模擬戦闘公開の歴史でも第10師団では
初めてのことではないだろうか。2014年9月といえば、安倍内閣が「集
団的自衛権行使の容認」を閣議決定した2カ月後である。アメリカが引
き起こす戦争に自衛隊を参戦させ、戦闘に巻き込む「集団的自衛権」の
行使を認め、「殺し殺される」戦闘への参加を押し付ける「安保法制（戦
争法）」（15年9月強行成立）を準備する中で行われたこの「展示」は偶然
ではない。

4　「新格闘」という近接戦闘

　第10師団では2009年から近接戦闘訓練の展示も行っている。近接

戦闘はそもそも、市街地や建物、乗り物の中など、狭く近接した場所での戦闘（CQB、クロース・クォーター・バトル）のことであるが、第10師団の訓練展示では、武器を持たない徒手での近接格闘術「新格闘」のことを指している。陸上自衛隊にはこれまで徒手格闘や銃剣格闘などがあったが、それらに代わるものとして、2008年から「新格闘」が全部隊で導入された。そして、最初に試験的に導入したのが第10師団である。

戦闘で負傷し、担架で運ばれる隊員
（2014年9月）

自衛隊側の攻撃で死亡した敵側兵士
（2014年9月）

2009年の師団創立記念行事で初めて近接戦闘を目にした時は、40〜50人の隊員が二人で組になり、「第一の動作」というアナウンスに続く太鼓に合わせてこぶしを突き付け、足で払って相手を投げるという、空手の型のようなものだった。それを集団で行うのでマスゲームのような印象を持った。ナイフを持つ相手に対しては、手首をひねって叩き落とし、「エイ」「ヤー」「トー」という掛け声とともに地面に押さえつけて1つの動作が完了する。

5 近接戦闘でも負傷者が発生

模擬戦闘で自衛隊員が「負傷」した2014年9月の師団創立記念行事でも、近接戦闘の訓練展示が行われた。前述の集団での型の披露後に現

近接戦闘で武器を持つ敵との戦闘
（2014年9月）

ナイフを持った敵との戦闘
（2018年11月）

れたのは、小銃やナイフを持った4人のテロリストであった。「武器を持って、あらゆる方向から変則的に襲ってくる敵との戦闘」という戦闘内容を紹介する放送が流れ、アドリブ的に近接戦闘が繰り広げられた。ここでも隊員に反撃された敵がグランドに横たわっていた。こうした市街地近接訓練は、東富士演習場内にある市街地訓練場（静岡県）で激しい実践的な訓練を繰り返し行っている。2006年に完成したこの訓練場には、3万㎡の敷地に、官公庁舎やテレビ局、学校、銀行、ホテル、マンション、レストラン、スーパーなどの訓練用の建物10棟が建てられている。特にこの数年、政府が仮想敵国とみなす北朝鮮や中国と同様に、市街地の演習では「テロリスト」や「ゲリラ」を仮想敵として戦闘訓練を行っている。

6 安保法制成立後の訓練展示

翌年の2015年9月19日未明、参議院本会議で安保法制が自民・公明などの強行採決で成立した。陸上自衛隊第10師団の創立53周年記念行事が行われたのは、その年の10月のことである。例年通り模擬戦闘も行われたが、その年の「負傷者」の発生と後送するシーンは非常に

リアリティがあった。戦闘の実況で「敵の反撃により負傷者が出た模様です」というアナウンスが流れた。グランドには敵の銃撃を受けた自衛隊員が横たわっている。その右足の膝上あたりには赤い布が巻いてあり、一端が垂れ下がっている。それは負傷し出血していることを表していた。一人の隊員が援護射撃しながら、別の二人が負傷した隊員の襟をつかんで引きずっていく。首を垂れた負傷兵は、後ろ向きに引きずられていく。やがて陣地の陰まで来ると、赤

膝から「血」を流し、引きずられて行く負傷した隊員
（2015年10月）

担架で運ばれ、救急車に収容される負傷した隊員
（2015年10月）

十字の入った白い腕章を左腕に付けた武装の隊員４人が駆け寄り、担架で運んでいく。その先には赤十字マークがついた自衛隊の救急車が待機していた。再びアナウンスが流れた。「負傷者を後送するため、救急車が到着しました。敵火力脅威の下で負傷者を離脱させ後送します」。「後送」とは、戦場で前線から後方へ送ることである。そして、最後に「我が奪還した陣地にて敵負傷者を発見しました。国際法に基づいて傷病者を人道的に保護します」「我が部隊の行動により敵を排除しました」という放送のあと、模擬戦闘は終了。会場からは大きな拍手が起こった。

　２年続けて自衛隊側と敵側に負傷者が発生した。それをグランド内の放送で観客に知らせる意味がどこにあるのだろうか。普通に考えれば、「本当にこんな死ぬかもしれない戦闘をするのか」「こんな危険な場面に

模擬戦闘で陣地から射撃する自衛隊員。
立っているのは敵弾が当たった隊員(2017年10月)

出かける自衛隊には入隊したくない」と思う人が多いのではないだろうか。しかし、「訓練展示」で行っていることは、日頃の訓練成果を見せることになる。わずか２年前までは、戦車や装甲車などで武装した自衛隊の部隊が敵の反撃を許さず、圧倒的な強さで一方的に敵陣地を制圧する場面を観客に見せていた。安倍内閣の集団的自衛権行使容認の閣議決定と安保法制が成立してから、本物の戦闘に変わってしまった。こうした戦闘シーンで死者や負傷者が発生することを、現職の自衛隊員たちはどう思っているのだろうか。飯島滋明氏は「死生観訓練」であると指摘する。死者や負傷者の発生は、隊員であれば自らの身に起こりうるという覚悟と準備をさせ、「殺し殺される」ことに慣らしていく意味があると考える。模擬戦闘での「死傷者の発生」を見せることは、安保法制下のもとで、隊員とその家族に「覚悟」を促すものだと思う。

　2010年、北部方面総監に着任した千葉德次郎陸将は、「遺書を書き、自分の身辺整理をしてほしい。遺書を書くと今、解決しなければならないこと、言い残す相手などが見えてくる。これこそが軍人として有事に即応する心構えである。言い換えれば命を賭す職務につく軍人としての矜持である」と訓示した。第10師団でも、かつて「大規模震災などが発生した場合、直ちに従事できるよう厳しい訓練は勿論のこと、健康管理、体力管理、身辺整理、平時の家族孝行、戦闘服での通勤などで隊員一人一人の物心両面の即応体制を維持」という当時の師団長の言葉がホームページのトップに掲載されていた。「遺書を書け」という命令と比べるとずいぶん緩やかな言葉ではあるが、掲載された当時は、身辺整理や「平時」の家族孝行が何を意味するのか、隊員でもないのに非常に

気になったものである。

2004年に大幅に増強された陸上自衛隊第10師団は、「戦略機動型」の師団として、海外派兵や米軍の先制攻撃から波及してくるテロ対処など、有事体制の実行部隊となっている。有事の場合、緊急に遠方に展開する任務を持ち、2005年の第5次イラク派兵や2015年の第9次南スーダンPKO派兵などの主力部隊となっている。

7 2017年以降の模擬戦闘

2016年は雨天のため、師団創立記念行事の模擬戦闘を大幅に短縮した。2017年はレーザー交戦装置(バトラー)を取り入れた模擬戦闘を行った。すなわち小銃などに取り付けられた発射機から発振されたレーザー光線を受光機が感知し、命中弾を判定するものである。グランドの縦方向3列、横に8つ設置された陣地に隠れ、敵の陣地へ向かって機関銃を撃ちながら前に進んでいく。途中で敵のレーザーが隊員に命中すると、音とライトの点滅により、軽傷から死亡まで負傷の度合いが表示される。当たった隊員は、ヘルメットや通信装置を外してその場で立つ。グランド内の放送で「この装置による敵からの射撃により損耗を意識した、より実戦に近い状況で訓練を実施できます」と説明があった。その後、「負傷者が増えてきました」というアナウンスが流れる。実際の戦闘では死者か負傷者ということになるが、10人以上が立っていた。負傷した自衛隊員を救出するシーンも見られた。

名古屋市守山区には陸上自衛隊小幡演習場がある。ここには「レンジャー訓練塔」や演習用のグランドがあり、国道に架かる陸橋から全体を見ることができる。2018年5月には、このグランドでまったく同様の訓練をしているのを目撃した。

8 2018年の模擬戦闘

2018年の第10師団創立56周年記念行事の訓練展示は画期をなすも

銃を構え、周囲を警戒する隊員
（2018年11月）

敵に小銃を向け、テロリストの行動を
制止する自衛隊員［右］（2018年11月）

捕虜になった隊員
（2018年11月）

のであった。特に近接戦闘は、本来の意味での狭く近接した場所における戦闘（CQB、クロース・クォーター・バトル）そのものであった。陣地の陰に4名の自衛隊員が隠れ、機関銃を構えながらあらゆる方向に注意を向ける。これは東富士演習場で行っている市街地訓練と同じ隊形だ。その後の徒手戦闘で4人のテロリストを倒したが、自衛隊員の一人が捕虜となった。頭には短銃を突き付けられている。別の隊員が何か交渉しながら近づいていき、隙をついて攻撃し、隊員を奪還した。

　2016年11月15日、日本政府は南スーダンでの国連平和維持活動に派遣する陸上自衛隊の部隊に、安保関連法に基づく新任務として「駆け付け警護」と「宿営地の共同防護」を付け加える実施計画を閣議決定し、3日

110　第2部　「海外派兵」型自衛隊の現実

後に稲田朋美防衛大臣が新任務付与の命令を出した。いずれも武装勢力との交戦を前提とするものである。この「駆け付け警護」と「宿営地の共同防護」の任務は、陸上自衛隊第9師団第5普通科連隊（青森市）を中心とした同年12月の第11次隊派遣から付与されたが、実行に移されることはなかった。

　第10師団創立56周年記念行事で行われた近接戦闘の訓練展示は、まさに「駆け付け警護」「宿営地の共同防護」訓練の再現に他ならない。陸上自衛隊の部隊が海外派兵する前には、こうした市街地戦闘、近接戦闘の訓練を東富士演習場にある市街地訓練場で行ってきた。その極秘訓練が大勢の市民の見守る中で行われたことは、安保法制のもとでこうした場面に遭遇する可能性が一気に高まり、普通科部隊の隊員たちの日常的な訓練になっていることを意味するのではないか。

頭に短銃をつきつけられている隊員
（2018年11月）

逆さ吊りの体勢で、機関銃を射撃する隊員
（2018年11月）

9　ビル屋上からの降下と突入

　小幡演習場（名古屋市守山区）には2009年にレンジャー訓練塔が建て

第4章　戦争法のもとで殺し殺される自衛隊に　111

幸福の黄色いハンカチ

られ、ロープを使った降下やクライミング、2つの塔を結ぶロープを渡るなどの訓練を行っている。翌2010年からは師団創立記念行事で、7階建てのビル（隊舎）の屋上から、ロープで降下する訓練展示を行っている。2012年は、体を壁に垂直にして走るように降下した。そして、2014年9月には、逆さ吊りになった隊員がビデオでビル内を偵察した後、4名の隊員が次々にビルの窓から突入する訓練を見せた。そして、2018年11月の訓練展示では、逆さ吊りの体勢から、ビルの内部に機関銃を射撃していた。レンジャー訓練塔や東富士演習場での訓練を通じ、「対テロ」市街地戦闘訓練はどんどん激しくなっていく。

10 第10師団の海外派兵

1 イラク派兵

　陸上自衛隊第10師団には、兵站の部隊である第10後方支援連隊や第10施設大隊（いずれも愛知県春日井市）があり、守山区の第35普通科連隊とともに、海外派兵を行ってきた。

　2005年の第5次イラク派兵には、第10師団から約500名が参加した。また、小牧基地（愛知県）にある第1輸送航空隊のC-130H輸送機が投入された。守山駐屯地からは抗議行動の中、100名近くの機動隊に護衛され、2回に分けてバスで出発した。守山区平和委員会の人たちが、「危険なイラクからは、すぐ撤退を」と宣伝すると、「海外のために頑張っている隊員たちの支援を無駄だというのか」と言ってくる関係者もいた。駐屯地や街の中に、「幸せの黄色いハンカチ」が飾られた。無事帰還す

ることを願ってのものだったが、イラクにいる自衛隊員の話題を口にできないような雰囲気が街中に漂った。ただ、派遣された陸上自衛隊員の業務は憲法9条の範囲内の活動と強調されており、「イラクに行って帰ってくると、高級RV車が買える」と派遣を志願した若い隊員の話を人づてに何度も耳にした。幸い派遣されていた隊員たちは無事に帰ってきた。航空自衛隊の輸送機C-130Hの活動は、米兵や銃の空輸が中心だったことが明らかになり、名古屋高裁は憲法違反の判決を下した。隊員たちの帰還後、「自衛隊の海外派兵に反対する守山の会」が街頭宣伝をしていると、自衛隊員の母親が近づいてきて、「皆さんの運動と憲法9条のおかげで息子は帰ってこられた。本当に感謝します」と小さな声でお礼を言うと、素早く去って行った。

2 南スーダン派兵

2015年11月には、第10師団を中心とする350名が、第9次南スーダンPKOに出発した。内戦状態の危険な南スーダンに派兵されることを知った地域や愛知県の平和団体は、派遣の中止を第10師団に申し入れ、抗議の宣伝を行った。「若者を戦場に送るな」の横断幕の通り、南スーダンに行ったメンバーには若者が多く、実際に男性隊員4名、女性隊員3名の計7名が2016年の1月に現地で成人式を迎えた。

3 早朝にバスで出発　出発の見送りは、戦前の出征そのもの

2015年11月22日、朝6時に偶然通りかかった守山駐屯地の前が騒がしいことに気付いた。30名ほどの市民が、駐屯地の正門から出る道の両側に並んでいた。第10師団から南スーダンへ派兵される先発隊の隊員が出発するところだった。駐屯地内では多くの部隊ののぼりを立てた隊員が見送っていた。6時半過ぎ、約100名の乗った3台の観光バスが正門から出てきた。バスはしばらく道路に止まったままで、隊員たちは窓を開け、見送りの人々としばしの別れを惜しんでいた。自衛隊広報の隊員以外は門の外にはいなかったが、大きな日の丸の旗を振る人、万歳をする人、無事に帰って来いと声を掛ける友人たちに交じり、そっと涙ぐむ母親らしき人の姿が忘れられなかった。戦前の出征の写真そのものだったからである。

南スーダンに出発する隊員
（2015年11月）

万歳をする人、日の丸を振る人
（2015年11月）

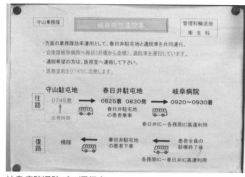
岐阜病院通院バス運行表

　第9次南スーダンPKOは、安保関連法が成立して初めてのPKO部隊の交代だった。イラク派兵の時とは違い、今回の南スーダン派遣が、「殺し殺される」かもしれない危険な任務であることは誰もが知っていた。

　2015年7月28日、安保法制を審議する参議院の特別委員会で、イラク復興業務支援隊長として参加した自民党の佐藤正久議員は、隊員が（海外）任務従事中、殉職した場合の「賞じゅつ金」（補償金）を、6,000万円から消防官並みに引き上げろと要求した。安保法強行の翌年12月、防衛省は陸上自衛隊員の殉職や重度障害に対しての見舞金の限度額を9,000万円に引き上げた。防衛省幹部は、南スーダンPKOの任務に際して「駆けつけ警護を付与した以上、リスクのある危険な任務を遂行する可能性があ

る」と述べたという（朝日新聞デジタル・12月3日）。自衛隊の海外派兵を、補償金増額で後押しすることは、戦前に「死んだら靖国に祀り、神になる」と言って召集兵を戦地に送り出したように、残された家族への思いや死生観にも一定の影響を与えるかもしれない。しかし「殺し殺される」可能性がかつてないほど高まっている中で、どれほどの隊員が今後の海外派兵に志願するのだろうか。

4 悩む自衛隊員

その思い誰かに話してみませんか
ポスター

イラク派兵や南スーダンから帰還した隊員が、精神的に不安になっているという話は全国的によく聞く話である。長期間に及ぶ過度の緊張、いつ襲われるかわからない不安から解放された後も、PTSD（心的外傷後ストレス障害）により、不眠や1〜2時間おきに目が覚めるという症状を語る隊員もいる。

守山駐屯地には、「その思い誰かに話してみませんか」「ひとりで悩んでいませんか」など、メンタル疾患や自殺予防のポスターが数多く掲示されている。また、業務隊の運用するバスが、守山駐屯地から春日井駐屯地経由で自衛隊岐阜病院を毎日往復している。自衛隊岐阜病院は一般病床78床と精神科病床22床を持つ、自衛隊員と家族が受診できる病院で、精神科を受診する隊員も少なくない。部隊内の患者、特に精神科の患者の実態を表には出したくないものだが、守山駐屯地のすぐ西にある精神科の病院では、迷彩服を着たまま上官と一緒に診療に来る数名の隊員を見かけることもある。

自衛隊員には、「外国が日本を攻めてきたら、家族や大切な人を守りたい」という専守防衛の思いから、また、災害復旧などで活躍している隊員の姿を見て、「人の役に立ちたい」と思って入隊する人が多いだろう。日本の防衛とは関係のないアメリカの戦争のために、命に危険が及ぶよ

うな戦闘に送り出されることを是とする隊員は、本当のところ少数ではないか。2019年3月に防衛大学校を卒業した478人のうち、1割以上の49人が任官を拒否した。安保法制が成立する前の2015年4月に入学した学生である。高校を卒業して入隊したが、思い悩んだり家族の反対があったりで数カ月で何人もが退職したと聞いている。このように自衛隊では、入隊してもやめてしまう隊員が相次ぎ、定数を大きく割り込んでいる。防衛省と自衛隊員の募集や広報などを行っている自衛隊地方協力本部は、定員不足を補うため、自衛隊入隊の受験年齢を32歳まで引き上げたり、候補生の採用試験を毎月行ったり、地方自治体に入隊適齢期の青年の名簿を提出させたりと、自衛官の確保を必死に行っている。しかし、安倍内閣が安保法制のもとで集団的自衛権の行使や武力行使を含むPKOに参加しようとすればするほど、入隊する若者は減っていく。

5 | 自衛隊員と憲法9条

　私たちが街頭で安倍改憲反対の3000万人署名の宣伝をしていると、自衛隊の高機動車の助手席(つまり上官)が親指を立てて「いいね」サインを出していくことに何回も遭遇した。彼らはわかっている。隊員たちの命を守っているのは、首相でも防衛大臣でも、師団長でもない。他ならぬ憲法9条と平和を守る運動、世論であるということを。アニメ「ドラえもん」で、ジャイアンが自分を理解してくれる友達に言う名セリフがある。「おお心の友よ」──私たちはそう思われているかもしれない。

2015年7月の衝突で反政府勢力が立てこもったビルから見た陸上自衛隊の宿営地（南スーダン・ジュバ、写真提供：共同通信）

第5章 南スーダンPKO派遣差止訴訟から見えるもの

池田 賢太
いけだ　けんた

1984年、北海道生まれ。札幌弁護士会人権擁護委員会・副委員長、札幌一時生活支援協議会・副理事長、NPO法人CAN理事、南スーダンPKO派遣差止訴訟弁護団・事務局長。

1　南スーダンPKO派遣は、まだ終わっていない

　2018年3月10日、政府は、「UNMISS[1]における自衛隊施設部隊の活動終了に関する基本的な考え方」を発表し、同年5月末までに南スーダンPKOに派遣していた自衛隊のうち、施設部隊について撤退させる

ことを表明した。政府はこの中で「南スーダン PKO については、今年1月で派遣開始から5年という節目を越え、施設部隊の派遣としては最長となることから、かねてより、今後の在り方について、総合的な検討を行ってきたところである」と述べる。

この検討において、南スーダンの国造りプロセスは、国際社会の努力により、首都ジュバの治安改善等を任務とする新たな PKO 部隊（地域保護部隊）の展開が開始しつつあり、南スーダンの安定に向けた取組みが進みつつある。また、南スーダン国内における民族融和を進めるため、国民対話を開始する旨の発表があるなど国内の安定に向けた政治プロセスに進展がみられることを挙げている。

その一方、「自衛隊の活動は施設部隊として最長となる5年以上を経過し、首都ジュバを中心とした道路補修などの実績は過去の我が国 PKO 活動の中で、最大規模の実績を積み重ねている。我が国としては、これまでの活動により、自衛隊が担当する首都ジュバにおける施設活動については、一定の区切りをつけることができると考えている」として、第11次要員が行っている道路補修業務を完了させた上で、同年5月末をめどに施設部隊を撤収すると発表した。

実際、同年5月末までに、派遣されていた施設部隊は撤収した。しかし、司令部要員はいまだ派遣が継続されている。その意味で、南スーダン PKO 派遣は終わっていない。現在進行形の派遣である。

詳細は次項において述べるが、この撤退期限はこの南スーダン PKO 派遣差止訴訟（以下「南スーダン訴訟」という）が提訴され、第2回口頭弁論期日の前日であった。弁護団は、世論の力と立ち上がった原告がこの撤退を勝ち取ったものと受け止めている。

2 原告の主張と被告の応訴態度──訴訟の経過から

1 提訴まで

原告の平和子（仮名）は、陸上自衛隊東千歳駐屯地の自衛官を息子に持つ母親である。米軍基地内で働く両親のもとに千歳で生まれ、千歳で

第5章　南スーダン PKO 派遣差止訴訟から見えるもの　119

暮らしてきた。自衛隊を近くに感じ、また子どもを深く愛してきた。平は、自衛隊の街で、自衛隊や自衛官を身近に感じ、平和主義を掲げる憲法9条の下で生活してきた。子ども3人を育てる中で、その理念を次の世代にも伝えてきた。保守的な自衛隊の街では具体的な行動に移すことは難しく、自衛隊イラク派兵の際には、札幌でピースウォークなどに参加してきた。

平は、子どもたちの進路選択に際しても、好きな道を選ばせつつも、自衛隊だけは避けてほしいという願いを伝えてきた。子どもたちはその願いを聞き入れてくれたものの、民間企業に就職した二男が、企業の業績悪化に伴い、自衛隊に転職した。小泉政権下で大きく変質した自衛隊に就職することに強い危機感を持っていたが、民主党政権下で戦争に行くことはないだろうと、何度も話し合いをした後に、二男の選択を尊重した。

しかし、その後、安倍政権のもと、自衛隊はさらに変質し、2015年の安保関連法（戦争法）制定で決定的に自衛官一人ひとりの危険が増した。平は、安保関連法制定過程で、自衛官の母であることを明かし、より積極的に平和活動に参加するようになった。

そのような中で、二男の所属する陸上自衛隊東千歳駐屯地から、第10次隊の施設部隊が南スーダンPKOに派遣されることとなった。安保関連法で改正されたPKO法に基づく派遣であり、駆け付け警護などの新任務が付与される。平は、自分の子はもちろん、誰の子どもも殺し殺されてはならないと、この訴訟提起を決めた。

弁護団は、全国会議を何度か重ね、2016年11月30日、札幌地方裁判所に南スーダン訴訟を提訴した。

2│第1回口頭弁論期日（2017年2月21日）

第1回口頭弁論は、提訴から約3カ月後だった。裁判所からは、国から実質的な答弁を求めるためにという話もあった。しかし、実際に提出された答弁書は、平和的生存権は抽象的権利であって、原告の主観的感情ないし不安感は国家賠償法1条1項において保護される権利を持たないという、従前の国の主張を繰り返すものであった[2]。

3 第2回口頭弁論期日（2017年6月1日）

　第1回期日後の2017年3月10日、政府は、南スーダンPKOに派遣していた施設隊第11次隊を、第2回口頭弁論の前日の2017年5月末を目途に帰国させるとし、施設隊の終了に伴い、連絡調整要員の派遣も終了させた。政府の公式な理由付けは先に述べたとおりであるが、その実は、政府・防衛省がいわゆる「日報」問題[3]で国民世論に追いつめられた結果である。

　第2回弁論では、裁判長の交代に伴う、弁論の更新手続きで再度原告が意見を述べた。また、黒塗りで開示された2016年6月2日から同年9月10日までの日報を詳細に分析し、南スーダン情勢について主張を行った。日報においては、戦闘に至らない程度の争いを「抗争」と表記して報告していた。例えば同年6月13日の日々報告1611号には、同月10日にカジョケジにおいてSPLAとSPLA–IOと主張する武装集団の「抗争」について報告されている。具体的には、「両部隊併せて30名程度が死亡」し、「当初、SPLAが武装集団側を攻撃したが、武装集団側が撃退し少なくとも20名を殺害、戦闘車両多数を撃破及び鹵獲した」ようなものであり、住民も3名死亡、約1,500名が避難を余儀なくされているとの記載があった。日報においては、このような状態も「戦闘」に至らない「抗争」と記載されているのである。

　このような抗争が南スーダン各地に広がる中で、同年7月のジュバ・クライシスが発生する。政府は、南スーダンの危機的な状況を把握していた。これは、PKO参加5原則[4]を満たさないことを知りつつ、違法な派遣を継続していたことを示す重要な事実関係であるが、国はいまだにこれらの事実関係について認否の必要がないとして認否していない。

4 第3回口頭弁論期日（2017年10月17日）

　第3回口頭弁論期日においては、現代の戦争と戦士の生命に関する主張を行った。これは、平が訴訟を起こすきっかけの一つが、戦場救護の装備も教育もないままに南スーダンに派遣されていることに愕然としたことにあり、平の平和的生存権侵害との関係で論じたものである。

　具体的には、南スーダンという「戦場」に、軍事的ミッションを第一

とする UNMISS の指揮下で、自衛隊員が生命・身体の安全を守る十分な装備も教育もなく派遣されたことを、陸上自衛隊の戦場医療・教育に精通した照井資規氏の論考(「軍事研究」2016 年 8 月号、同年 10 月号所収)に基づいて論じ、もって戦場で兵士が「殺し、殺される」ことのリアリティを明らかにした。すなわち、戦闘行為ではいかに効率的に敵を殺傷するかが求められており、他方で戦場医療はそれに抗する個別的な治療である。人体の枢要部に対する攻撃はもちろん、四肢末端への攻撃であっても致死性を高める、あるいは治療困難性を高める武器や方法に対峙する戦場医療は困難を極める。しかし、派遣される自衛官にはそのような知識も技術もない、止血帯が支給され、気道確保の基本的技術だけを伝えられて派遣されるのである。

　平の二男の同僚たちは、医療的には丸裸の状態で戦地に派遣されたのである。平の平和的生存権は、息子(を含めた自衛官)の命が極めて軽視されていることによって侵害され続けていることを主張した。

5 ｜ 第 4 回口頭弁論期日(2018 年 3 月 1 日)

　第 4 回口頭弁論期日では、PKO の変質と第 10 次隊施設部隊隊員の健康状況について主張を行った。このうち、前者については項を改めて詳述する。

　第 10 次隊施設部隊隊員の健康状況については、派遣期間 (2016 年 5 月 22 日から同年 12 月 3 日まで)の衛生週報を行政文書開示請求で入手し、それに基づいて主張を行った。衛生週報には、一週間ごとの隊員の健康状態が記録されている。「患者の発生概況」が週単位で集計され、症状別の 16 項目ごとに受診人数と初診・再診の別が記録されている。

　同年 5 月 22 日から 6 月 4 日までの 2 週間では、いずれも初診で「神経系・目・耳・鼻」12 名、「呼吸器系の疾患」48 名、「消化器系疾患」16 名、「皮膚及び皮下組織の疾患」14 名とあり、現地到着直後から、様々な疾患に襲われていた。同月 5 日から 18 日には、いずれも初診で「呼吸器系の疾患」63 名、「皮膚及び皮下組織の疾患」49 名、「損傷、中毒及び外因の影響」31 名の患者が発生した。派遣開始から 4 週間経過した段階で「呼吸器系の疾患」は 111 名 (隊員の 3 分の 1)、「皮膚及び皮下

組織の疾患」61名（隊員の6分の1）が治療を受けていることになる。明らかに隊員全体に異変が起きていた。

　ジュバ・クライシスの起こった同年7月10日から16日の衛生週報を見ると、それまで全くなかった「精神・行動障害」の初診患者が3名発生した。同じ初診で「損傷、中毒及び外因の影響」も14名と急増する。同月17日から23日を見ると、「精神・行動障害」で3名、「損傷、中毒及び外因の影響」で13名の初診患者が発生した。これは顕著な変化である。

　この「精神・行動障害」に着目すれば、初めて患者が発生した同年7月10日から同年12月3日までで、初診者が3、3、0、3、2、0、3、0、1、4、0、2、0、1、1、0、0、1、2、3、2と毎週のように複数の初診患者が出ており、派遣期間中に31名が治療を受けたことになる。これは、派遣隊員の約1割である。異常ともいうべき数値であり、派遣自衛官が極めて苛酷な状況に置かれていたことを意味する。

6 │ 第5回口頭弁論期日（2018年6月5日）

　第5回口頭弁論期日においては、PKO協力法及び改正PKO協力法の違憲性、国連地位協定と派遣自衛隊員への適用、自衛官の負傷や精神疾患による家族への影響と平和的生存権について主張を行った。

　自衛官の負傷や精神疾患については、前回期日において主張を行ったため、それがどのように自衛官の家族に影響を与えるのかという観点から主張を補充した。参考にしたのは、PTSD（心的外傷後ストレス障害）とコンバット・ストレス（combat stress）に関する議論である。コンバット・ストレスは、古くは南北戦争にさかのぼり、第一次世界大戦では「戦争神経症」などと呼ばれていた。ベトナム戦争後の帰還米兵の精神的諸症状について、アメリカ精神医学会は、1987年、このような従来の診断では把握しきれない症状全般に対して、PTSDと診断名を付けたのである。

　PTSDを発症した帰還米兵の支援は困難を極めたが、海外の例を出すまでもなく、自衛隊においてもイラク派遣後の自殺が強まっていることが指摘されている。イラクにおける人道復興支援活動及び安全確保支

第5章　南スーダンPKO派遣差止訴訟から見えるもの　123

援活動の実施に関する特別措置法に基づく活動に従事し、2005年度から2014年度までの10年間に在職中に死亡した自衛隊員の数は、陸上自衛隊45名（うち自殺者21名）、海上自衛隊3名（うち自殺者0名）、航空自衛隊14名（うち自殺者8名）、合計62名（うち自殺者29名）であり、海外派遣が自衛隊員に精神的に与える影響は極めて大きいことがわかる。そして、このデータは在職中に死亡した自衛官の数であることに留意しなければならない。PTSDを抱えて退職した自衛官も含めれば、その数はさらに膨れ上がると思われる。

　2018年3月16日の阿部知子衆議院議員の質問主意書に対する答弁書によれば、南スーダンに派遣された自衛官のうち2名が帰国後に自殺したとされている。政府答弁書は南スーダンでのPKO業務との関連性は認められないとしているが、衛生週報から判断できる内容や、先行研究からは深刻な関連性があり、適切な支援が求められていると言わざるを得ない。

7 ｜ 第6回口頭弁論期日（2018年9月25日）

　第6回口頭弁論期日においては、これまでの主張を総括し、原告である平の平和的生存権の核心的内容について整理したうえで、立証計画を示した。これに対して裁判所は、陪席裁判官の交代を理由に年度内判決の意向を口頭弁論期日後の進行協議期日で示した。

　平と弁護団は、裁判所の進行は極めて拙速なものであると言わざるを得ないと判断した。この間、おおよそ3カ月に一度のペースで期日を開いてきた。年度内判決ということになれば、次回結審する必要がある。とすれば、原告本人尋問すら行わずに判決に至る危険性が強いと考えたからである。次回期日が大きな山場であるとの認識を固めて、訴訟を継続させる取り組みとして、黒塗りとなっている日報と衛生週報の開示を再度求め、文書提出命令の申し立てを行うことを決めた。

8 ｜ 第7回口頭弁論期日（2019年1月15日）

　第7回口頭弁論期日は、結審の可能性を秘めていた。文書提出命令申立てについても、証拠調べの必要性がないとして口頭で却下されるリスクもあったからである。この場合、不服申立てができないとされてお

り、前回の裁判所の年度内判決のスタンスが強固なものであった場合には、口頭却下と弁論終結が強行されると考えたからである。

しかし、裁判所の対応は全く異なった。裁判長は「文書提出命令が申し立てられました。裁判所としても腰を据えて議論したい」と述べたのである。前回のスタンスと180度異なる対応に、弁護団は正直なところ呆気にとられたのであるが、これを好機としてさらに主張を進めることとした。より詳細に南スーダンの情勢を論じ、PKO参加5原則を満たさない違法な派遣であることを明らかにして、平和的生存権侵害を認めさせるために、国に実質的な事実認否をより強く求めることとしたのである。

9 | 第8回口頭弁論期日（2019年4月16日）

第8回口頭弁論期日においては、2016年11月1日付け国連独立調査団報告書に基づき、ジュバ・クライシスとそれに対するUNMISSの対応を通じて、本件派遣がPKO協力法にいう参加5原則に違反し、ひいては憲法9条1項に違反する派遣であることを主張した。この国連独立調査団は、「激しい戦闘（intense fighting）」であったジュバ・クライシスが国連にとっても極めて衝撃的な事件であり、南スーダンの情勢を正しく理解する必要があった。そこで、国連事務総長は、退役陸軍少将パトリック・カマートを長とする調査団の設置を指示した。同調査団は、現地からの報告のみならず、ジュバ・クライシス直後の2016年9月9日から同月29日までの間、ウガンダのエンテベ、南スーダンのジュバへ赴き、そこで多数の目撃者、犠牲者、南スーダン政府の閣僚、公務員、UNMISSの全ての構成機関の職員、国連職員、人道援助活動を行っているNGOからの合計67名のインタビュー調査を行った。特別調査団は、ジュバではUN–HOUSEのUNMISS司令部とトンピンの駐屯地、ジュバのPOCサイト、テラインキャンプ、略奪された世界食糧計画（WFP）の倉庫やその他の地区を訪問した。独立調査団報告は、その当時できる限りの調査を行ったものであり、その報告の信ぴょう性は特に高いというべきものである。

特別調査団の報告を見れば、ジュバ・クライシスの数週間前には、

第5章　南スーダンPKO派遣差止訴訟から見えるもの　125

UNMISS と人道援助関係者は、ジュバにおける SPLA と SPLA–IO との間での戦闘行為の再開について正確な警告を示す兆候を認識していたというのである。また、実際のジュバ・クライシスにあっては、大砲、戦車や武装ヘリが使用され、時には国連本部から数メートルの場所で使用された。3 日間の戦闘により、2 人の中国兵が殺害され数名が負傷し、UN–HOUSE の管轄地上の 182 の建物が銃弾や迫撃砲弾、グレネードランチャー（RPG、携帯式のロケットランチャー）により被弾し、数千名の国内避難民が身を守るために POC サイトから UN–HOUSE へ避難するなど、甚大な被害を出している状況にあると認定している。

　国際社会においては、南スーダンの情勢において、PKO 参加 5 原則の①原則「紛争当事者の間で停戦合意が成立していること」を到底満たすものではないことは周知の事実であった。そうであるならば、国は、PKO 参加 5 原則の④原則「上記の原則のいずれかが満たされない状況が生じた場合には、我が国から参加した部隊は撤収することができること」により、部隊を撤収しなければならなかった。それにもかかわらず、国は派遣部隊の撤収をさせることなく、漫然と派遣を続け、自衛隊員の命を脅かし、その家族には真実を告げずに事実を糊塗していたのである。

10 ┃ 第 9 回口頭弁論期日（2019 年 7 月 19 日）

　第 9 回口頭弁論期日では、文書提出命令申立てに対して、国は相変わらず平和的生存権は抽象的権利であって、平の主観的感情や不安感は国賠法上保護された利益に当たらないから主張自体失当であるという主張を繰り返し、日報については包括的に民訴法 220 条 4 号ロに該当する文書であるから、提出義務を免れるという。国は、自ら民訴法 220 条 4 号ロに該当する文書は、公務員が職務上知りえた非公知の事実であり、実質的にもそれを秘密として保護するに値すると認められるものといい、また「その提出により公共の利益を害し、又は公務の遂行に著しい支障を生ずるおそれがある」の意義について、単に文書の性格から公共の利益を害し、又は公務の遂行に著しい支障を生ずる抽象的なおそれがあることが認められるだけでは足りず、その文書の記載内容からみてそのおそれの存在することが具体的に認められることが必要であると

主張しながら、全く矛盾した態度を取っている。これは、裁判所が救済を図ってくれるだろうという傲慢な応訴態度にほかならない。さらに求釈明を重ねて追及を続けている。

併せて、現地情報が留守部隊や留守家族に対してどのように伝えられていたかについても、情報開示請求で入手した「家族支援センター」の文書に基づき主張した。自衛隊は、留守家族に部隊が南スーダンへ到着したことなど一般に報道された事実は伝えたものの、南スーダンの現地情報については留守部隊までとし、ジュバ・クライシスの情報については、想定問答を作成し、「詳細確認中」や「武力衝突は生じていない」「参加5原則は保たれている」などと回答するよう指示していた。情報統制と隠ぺいによって、自衛隊の家族は真実を知らされていないことを明らかにした。

第10回口頭弁論期日は、2019年10月30日である。

3 PKOの変容

自衛隊のPKO参加については、比較的好意的に受け止められている。それは、PKO協力法が制定されたときから、一貫して日本は安全なところに自衛隊を派遣しているのであって戦争に加担することはないとして参加5原則を掲げてきたことと、何よりも国際協力の美名による。しかし、現代の複合化したPKOは、軍事的性格をより強め、武力行使を前提としている。かつて議論された、停戦監視型の伝統的PKOではまったくない。政府は、このような実態を国民に知らせることなく、また、国民も誤解したままPKO派遣を漫然と許している。

この点を敷衍して確認しておく。PKO協力法が前提としているPKO活動は、変遷する前の停戦合意を前提とする停戦監視等によって紛争解決に至る空間的・時間的余裕を作り出す「伝統的PKO」である。しかし、冷戦崩壊後は、停戦監視に加え、選挙監視、文民警察、人権擁護、難民帰還支援、行政事務、復興開発等より積極的な行動が求められるようになった（第2世代のPKO）。さらにルワンダのジェノサイドを契機とし

第5章　南スーダンPKO派遣差止訴訟から見えるもの　127

て「保護する責任」と結びついた、より強力なPKOが求められるようになった。

現在のPKOは、両当事者間に中立の立場での活動ではなく、国連憲章の原則とそれに基づく任務（マンデート）の忠実な遂行が求められており、その遂行のためには武力行使を厭わないものとされた。2008年、国連PKO局（DPKO）・フィールド支援局（DFS）は、「国連平和維持活動：原則と指針」（キャップストン・ドクトリン）を発表し、この中で「PKOには、現地での同意の欠如または崩壊の事態に対処する政治的、分析的能力、活動資源および意志が備わってなければならない。場合によっては最後の手段として、武力の行使も必要となる」と明記している。PKOは、大きく変遷しているのである。

4 自衛官の命を守る

国際社会においては、イラク戦争に対する検証が進んだ。しかし、日本においては全く行われていない。民主党政権下で日報の開示が行われたが、それ以上の検証はなされていない。

平の平和的生存権侵害を争う本訴訟は、同時にイラク訴訟ができなかった海外派遣の検証を、司法という土俵を通じて行う作業でもある。南スーダンの実態を追及することで、政治判断の妥当性を検証するものでもある。政府は、南スーダンへのPKO派遣、参加5原則が維持されているという判断が正当なものであるという。そうであれば、それを明確に正面から、事実と証拠を明らかにすべきである。

最前線に立たされる自衛官の命を守ることは、主権者としての責務である。平の「誰の子どもも殺させない」というのは、被害者になることはもちろん、加害者になることも拒否することを意味しているのである。

［注］
1 UNMISS 国連南スーダン共和国ミッション (United Nations Mission in the Republic of South Sudan)。
2 弁護団は、原告の主張に関する書面のみならず、被告国の準備書面についても、ホームペー

128 第2部 「海外派兵」型自衛隊の現実

ジ (https://stop-sspko.jimdo.com/) 上で公開しているので、参照されたい。

3 布施祐仁氏が、防衛省に対し、日報の情報開示請求を行ったところ、一度は廃棄したとの理由で不開示決定をしておきながら、その後データでの保存が見つかったなどとして開示された。開示された 2016 年 7 月 11 日のジュバ・クライシスの際の日報には、「戦闘」という記載があり、国会でも追及が続いた。

4 PKO 参加 5 原則は以下のとおりである。

①紛争当事者の間で停戦合意が成立していること。

②国連平和維持隊が活動する地域の属する国及び紛争当事者が当該国連平和維持隊の活動及び当該平和維持隊への我が国の参加に同意していること。

③当該国連平和維持隊が特定の紛争当事者に偏ることなく、中立的立場を厳守すること。

④上記の原則のいずれかが満たされない状況が生じた場合には、我が国から参加した部隊は撤収することができること。

⑤武器の使用は、要員の生命等の防護のための必要最小限のものを基本。受入れ同意が安定的に維持されていることが確認されている場合、いわゆる安全確保業務及びいわゆる駆け付け警護の実施に当たり、自己保存型及び武器等防護を超える武器使用が可能。

これは、憲法 9 条のもとで、自衛隊を海外派遣するに当たり、憲法との矛盾を解消するための苦肉の策であり、基本方針としつつも、憲法違反とならないために最低限クリアしなければならない基準というべきである（なお、⑤の後段における安全確保業務及び駆け付け警護に関する部分は、安保関連法〔戦争法〕の制定により導入されたものであり、そもそも同法は憲法 9 条に違反するものであって、当該部分については違憲無効であるが、本稿ではひとまず措いておく）。

沖縄県・尖閣諸島。手前から南小島、北小島、魚釣島。
(2016年12月3日、写真提供：共同通信)

第6章

南西諸島の自衛隊配備

「平和主義」的視点からの考察を中心に

飯島 滋明
いいじま しげあき

名古屋学院大学経済学部教授。1969年生まれ。専門は、憲法学、平和学。主な著書に、『国会審議から防衛論を読み解く』(共編著、三省堂、2003年)など多数。

1 はじめに

　沖縄、それどころか日本を巻き込む大きな問題。それが辺野古新基地建設の是非である。しかし、沖縄の基地問題は辺野古新基地建設問題だけではない。嘉手納や高江でも、米軍基地の存在は極めて重大な人権侵

害問題を生じさせる。さらに別の場所でも問題がある。与那国島、石垣島、宮古島、奄美大島への自衛隊配備問題である。これらの島への自衛隊配備問題も極めて大きな問題を抱えている。本稿では南西諸島への自衛隊配備問題を取り上げる。

　なお、南西諸島の自衛隊配備の問題では、沖縄本島の自衛隊配備・強化問題もあるが、本稿では与那国島、石垣島、宮古島、奄美大島の問題に限定して紹介する。さらには南西諸島の自衛隊の配備については「基本的人権」「平和的生存権」「民主主義」「地方自治」「住民投票」の視点からも大きな問題があるが、紙幅の関係で本稿では「平和主義」の視点を中心に論考をすすめる。

2 南西諸島への自衛隊配備の現状と背景

1 南西諸島への自衛隊配備の現状

まず、現在(2019 年 7 月)までの配備状況と今後の配備予定を紹介する。

▼現在までの配備

　2016 年 3 月　与那国島に沿岸監視部隊約 160 人が配備。

　2019 年 3 月　宮古島に警備部隊約 380 人が配備。

　　　　　　　奄美大島には約 560 人が配備。

　　　　　　　　［内訳］

　　　　　　　　　・名瀬大熊地区の奄美駐屯地に警備部隊や中距離地対空誘導弾ミサイル部隊
　　　　　　　　　　(中 SAM) 部隊、西部情報保全隊など約 350 人。

　　　　　　　　　・瀬戸内分屯地に警備部隊と地対艦誘導ミサイル (SSM) など約 210 名。

▼今後の配備計画

　　・宮古島にミサイル部隊が配備予定 (すでに配備された警備部隊と合計で約 700 〜 800 人)。

　　・石垣島に警備部隊とミサイル部隊約 500 〜 600 人が配備予定。

2 自衛隊設置の根拠

防衛省と沖縄防衛局が 2019 年 2 月 13 日に石垣島での住民説明会で
配布した資料を基に紹介する。「25 大綱」では、「自衛隊の空白地域となっ
ている島嶼部への部隊配備、……により島嶼部における防衛体制の充実・
強化を図る」とされている。そして「26 中期防」では、「沿岸監視部隊
や初動を担当する警備部隊の新編等により、南西地域の島嶼部の部隊の
体制を強化する」とされている。

　なお、「26 中期防」では島嶼奪還を名目に「日本版海兵隊」と言われ
る「水陸機動団」の創設も明記された。「31 中期防」では「島嶼防衛用高
速滑空弾」部隊の配備が明記された。

3│ アメリカの軍事戦略の一環としての南西諸島の自衛隊配備

　南西諸島では与那国島、石垣島、宮古島、奄美大島で自衛隊が強化さ
れてきたし、今後も強化されようとしている。南西諸島の自衛隊強化は、
冷戦後の自衛隊の「生き残り」という側面がある。冷戦期にはソ連を仮
想敵とした自衛隊は、冷戦終結に伴い、その存在意義が問われる。軍隊
にとって一番の敵は「何もすることがない」[1] ことである。そこで新たな
仮想敵を「中国」に求め、中国への備えのために自衛隊が必要だと政府
や一部マスコミ等が吹聴し、自衛隊の「南西シフト」が強化されてきた。

　しかし、実際には南西諸島への自衛隊配備は「日本防衛」のためでは
ない。アメリカの軍事戦略「エアシーバトル構想」の一環であり、「対中
国封じ込め作戦」の一端をアメリカ軍の代わりに自衛隊が引き受けるも
のである。

　「冷戦時代は日米の役割ははっきりしていました。仮に米国とソ連が
戦端を開いた場合、ソ連は艦船とりわけ核ミサイルを搭載した潜水艦を
ウラジオストク港から太平洋に進出させようとする。それに備えた日本
の役割は、ソ連海軍の太平洋進出を阻むため、宗谷、津軽、対馬などの
海峡封鎖を実施することになっていました。海上自衛隊の海上封鎖に呼
応して、在日米軍は三沢、横田、岩国、嘉手納の各航空基地の戦闘機を
投入する攻撃的な基本構想をもっていました」[2] とケビン・メアは述べ
ている。

　米ソ開戦の際の日本の役割は宗谷、津軽、対馬海峡の「三海峡封鎖」

米中の防衛戦に挟まれた日本のシーレーン

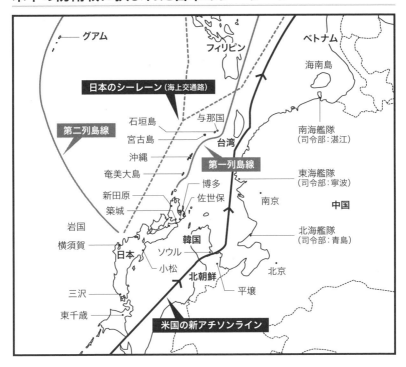

であったが、「エアシーバトル構想」は「三海峡封鎖」の焼き直しである。米中戦争に際して「日米がもっとも恐れるのは、この渡洋攻撃力を持つ中国原潜の第一列島線外への進出」[3]である。上記の地図を見れば明瞭であるが、与那国島、石垣島、宮古島、沖縄本島、奄美大島、九州は中国の太平洋進出を阻止するための「自然の要塞」となり得る。

「エアシーバトル構想」で、実際の作戦として策定されたのが「A2／AD戦略」である。アメリカは中国原潜の太平洋進出を阻止するため、九州―沖縄―台湾―ボルネオを結ぶ「第一列島線」に中国を封じ込める戦略(A2戦略)、東京―小笠原諸島―グアムを結ぶ「第二列島線」へのアクセスを許さない戦略(AD戦略)を想定した[4]。そして「第一列島線」への「中国封じ込め」の役割を担わされるのが、与那国島、石垣島、宮古島、

第6章　南西諸島の自衛隊配備　133

沖縄本島、奄美大島、九州に配備・強化される自衛隊である。

　たとえば『海幹校戦略研究』2011年12月（1-2）のある論文[5]では、「統合エアシー・バトル構想」(Joint AirSea Battle Concept：JASBC) に関して、「米国のみを対象とした構想ではなく、同盟国である我が国に対して責任と任務分担の覚悟を求める米国からのメッセージでもある。中国を主たる対象としたJASBCにおいては、我が国が果たすべき役割は非常に大きい」とされている（同論文140頁）。

　「取扱厳重注意」と記されており、2012年に統合幕僚幹部が作成した「日本の『動的防衛協力』について」という文書の「我が国を取り巻く安全保障環境」の個所では、「中国の軍事戦略」は「**A2／ADによる米国のパワープロジェクションの阻止**」と分析されている（太字は飯島強調）。

　防衛省は中国の戦略を「A2／ADによる米国のパワープロジェクションの阻止」と分析しており、「日本侵略」とは分析していない。そのうえで「対中防衛の考え方」の個所では、平時でも「中国のA2／AD能力に対抗し、抑止及び作戦能力向上のため、グアムを含めた西太平洋での日米の活動を活発化」するとされている。そして「日米の『動的防衛協力』の取組」の個所では、「初動対処部隊の新編事業着手（先島諸島）」とされている。

　このように、先島への自衛隊配備は日本防衛というより米軍の軍事作戦の一環を担うものであること、中国による米軍への軍事活動を阻止するためであることが防衛省の文書自体で示されている。

　こうしてアメリカの軍事戦略の一環としての「対中国封じ込め作戦」、中国の太平洋進出を阻止するための役割をアメリカ軍に代わって実施するために、与那国島、石垣島、宮古島、奄美大島などに自衛隊が配備される。そして先島に配備されている自衛隊の支援のために真っ先に駆け付ける任務を付与されたのが、佐世保市の相浦に配備された「日本版海兵隊」である「水陸機動団」であり、政府や防衛省が佐賀への配備を断念していない、オスプレイ部隊である。

　さらに、電磁波で敵の通信を妨害する「電子戦部隊」（熊本県健軍駐屯地）も、水陸機動団と連携して前線に緊急展開する任務が付与されよう。ち

なみに、水陸機動団の1個連隊は沖縄のキャンプ・ハンセンやキャンプ・シュワブに配備することが指摘されているし、九州のいたるところで日米共同軍事訓練が頻繁に行われるようになっている。

4｜南西諸島の自衛隊配備と「安保法制」

アメリカと中国との戦争でアメリカ軍の代わりに自衛隊が戦闘することを可能にする法律が2015年9月に安倍自公政権が成立させた「安保法制」である。中国の太平洋進出を阻止するため、アメリカ軍に代わり日本の自衛隊の配備が南西諸島で強化されている。しかし、中国軍への武力攻撃をするための法的根拠として、「安保法制」制定前の「武力攻撃事態」（旧自衛隊法76条）では無理がある。

そこで、日本が攻撃されているわけではないが、日本の安全や平和が根底から覆される明白な危険という「存立危機事態」という法的概念をあらたに作り出し、米中の軍事衝突は「存立危機事態」に当たるとして、自衛隊の武力行使を可能にするのが「安保法制」である。

3 南西諸島への自衛隊配備の問題点

1｜自衛隊が住民を攻撃する危険性

2012年頃、防衛省は石垣島が侵攻された場合を想定し、島嶼奪還のための戦い方を分析していた。その結果が『機動展開構想概案』だが、防衛省は『機動展開構想概案』を2013年の「25大綱」や「26中期防」に反映させていた（『沖縄タイムス』2018年11月30日付）。そして『機動展開構想概案』では、「国民保護のための輸送は、自衛隊が主任務ではなく、所要も見積もることができないため、評価には含めない」と記されている。

この部分、極めて恐ろしいことを言っている。『機動展開構想概案』を見ると、中央部の自衛隊は南西にいる敵に攻撃する想定となっている。石垣島の地理を知る人であればわかるだろうが、島の中心部から南西であれば、市役所などがあり、最も多くの石垣市民がいる場所に攻撃をすることになる。しかも「国民保護のための輸送は、自衛隊が主任務ではな」

第6章　南西諸島の自衛隊配備　　135

島嶼防衛用高速滑空弾の運用構想案

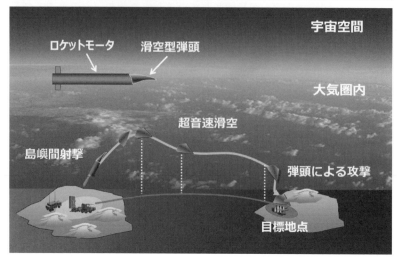

出所：防衛省　平成29年度　事前の事業評価より

いという。自衛隊は住民の避難を考慮せずに攻撃する計画となっており、これでは自衛隊の攻撃で日本の市民が犠牲になる危険性がある。

2 島嶼防衛用高速滑空弾

次に「島嶼防衛用高速滑空弾」に言及する。「31中期防」では、「島嶼部等に対する侵攻に対処し得るよう、島嶼防衛用高速滑空弾部隊の新編に向け、必要な措置を講ずる」とされている。上記の「島嶼防衛用高速滑空弾」の図は防衛省HPにも掲載されているし、自衛隊の準機関紙『朝雲』2019年3月28日付にも掲載されている。

図を見ればわかるように、「島嶼防衛用高速滑空弾」は、「地対地」ミサイルである。つまり「陸」から「陸」を攻撃するミサイルである。たとえば石垣島から与那国島、宮古島から石垣島を攻撃することを想定しているのか。その際、「国民保護のための輸送は、自衛隊が主任務ではな」いのであれば、自衛隊の島嶼防衛用高速滑空弾で日本市民が犠牲になる危険性が生じる。いや、「島嶼防衛用高速滑空弾」は日本の領土を攻撃するのではない、というのであれば、まさしく「専守防衛」から逸脱し

た兵器であり、憲法前文や9条の「平和主義」に違反する。

『陸上自衛隊　装備百科　2019–2021』（イカロス出版、2019年）7頁では、これまで島嶼に配備された部隊は単なる偵察部隊、警戒部隊なのに対して、「30大綱」「31中期防」では地対艦ミサイル連隊と2個高速滑空弾大隊配備であり、実際に打撃力を持つ部隊と紹介されている。いずれにせよ、「島嶼防衛用高速滑空弾」も大きな問題がある。

3 ｜ 犠牲になる自衛官とその家族

そして犠牲になるのは与那国島、石垣島、宮古島、奄美大島の市民だけではない。これらの島に駐留する自衛官とその家族である。

『機動展開構想概案』では、侵攻軍が4500人、すでに配備されている自衛隊員は2,000人、どちらか一方の残存率が30％まで戦闘を続けると、敵の残存兵力は2,091人に対して自衛隊の残存兵は581人で劣勢になると想定されている。しかし、自衛隊が奪還作戦部隊1,800人を追加して戦闘を続ければ、敵は679人に対して自衛隊は899人で優勢を回復できると分析している。つまり石垣島をめぐる戦闘で、自衛隊員約3,800人のうち2,901人、敵兵3,801人が戦死することを想定した『機動展開構想概案』が「25大綱」に反映されたのである。

防衛省・自衛隊、そして自衛隊員2,901人が戦死することが想定された作戦計画を反映した「25大綱」を決定した安倍自公政権、2,901人の自衛隊員が死ぬという事態をどれほど重く受けとめているのか。

たとえば、すでに自衛隊が配備されている宮古島の基地の中には、家族や子どもが生活している様子がうかがえる。石垣島で2,901人の自衛官が戦死する想定をしているのであれば、与那国島、宮古島、沖縄本島、奄美大島では一体何人の自衛官が死に、遺族がどれほどになるだろうか。与那国島、石垣島、宮古島、沖縄本島、奄美大島に駐留することになる自衛官も、実は政府によって「捨て石」とされることになる。

4 ｜「標的の基地」

いざ有事となれば、先島に配備された自衛隊部隊は当然、攻撃対象となる。一方、「エアシーバトル構想」では、中国とアメリカが武力衝突した際、在日米軍は第一列島線から撤退し、第7艦隊を含めてグアム

第6章　南西諸島の自衛隊配備　137

まで引き下がる。というのも、在沖米軍基地がミサイル攻撃の対象になるからである。沖縄本島や与那国島、石垣島、宮古島、奄美大島、佐世保や福岡周辺にいる市民は避難することができず、ミサイル攻撃を受けて犠牲となる危険性が高くなる。まさに「標的の基地」であり、「捨て石」とされる危険性がある。

日本政府は「日本を守るために米軍は日本に駐留している」と繰り返してきたが、米軍は平時には犯罪や事故、騒音や環境破壊などで基地周辺の市民に迷惑をかけながら、いざ有事になればミサイル攻撃を避けるために日本からグアムまで撤退するという。残された住民や自衛隊はミサイル攻撃の対象となる。南西諸島への自衛隊配備はこうしたバカげた事態をもたらす危険性があるが、こうした自衛隊配備を認めるべきだろうか。

5│「防衛は国の専権事項」という発言の誤り

防衛問題に関しては、「防衛は国の専権事項」という発言がされることもある。基地問題への自治体の関与を嫌う政府や防衛省はこうした発言を繰り返す。しかし、こうした発言は日本国憲法の法的構造の理解、日本国憲法の基本原理である「平和主義」を実現するための「地方自治」（憲法第8章）の役割を評価しない、誤った理解である。

敗戦までの日本では、天皇を中心とする強力な中央集権体制が確立されていた。こうした中央集権体制が戦争遂行を容易にしたという歴史的反省を踏まえ、日本国憲法では「地方自治」（憲法第8章）が保障されている。地方に強い権限を認めることは、中央政府の戦争準備・戦争遂行への強力な歯止めとなる。

たとえば「港湾法」では港湾管理者は自治体とされている（港湾法2条）。アジア・太平洋戦争の際、国家が港湾管理権を独占していた。そのことも国家の戦争遂行を容易にする一因となり、さまざまな港から軍艦が出撃した。現在の港湾法のように、港湾管理者が自治体の場合、中央政府が戦争しようとしても、港湾管理者が軍艦の寄港や出港を認めなければ戦争遂行への「足枷」となる。

自治体の港湾管理権と「平和主義」との関係を最も端的に示すのが「非

138　第2部　「海外派兵」型自衛隊の現実

核神戸方式」である。日本は表向き「非核三原則」を「国是」としてきた。しかし「非核 2.5 原則」と称されるように、歴代自民党政権は核兵器の「持ち込み」について米国と密約を結んでいた[6]。神戸にもたびたび核兵器を積んだ米艦が入港していた。ところが神戸市は 1975 年以降、核兵器を搭載していないという証明書を提出しない外国軍艦の入港を認めていない。その後、米軍艦は神戸港に入港していない。こうして神戸市は市民の安全と平和を守っている。

このように、地域住民の平和を守るため、自治体に「防衛」「安全保障」に関しても権限を認めているのが日本国憲法の法的構造である。そして住民の平和と安全を守ることが役割とされている自治体は当然、防衛問題についても関与する責務がある。古川純専修大学名誉教授が述べるように「平和保障のための行政を国の専権事項とする考え方は、少なくとも日本国憲法の基本的立脚点とは相容れない」[7]。

国際法的にも、「1949 年ジュネーブ条約追加議定書」（1977 年）59 条では、「無防備地域 (Non Defended Localities)」が保障されている。「無防備地域」とは、戦闘が行われている際、一定の条件を満たす場合に戦争当事国に対してその地域を攻撃しないように「当局」が求めるものであるが、この「当局」には「自治体」も含まれる。国際法的にも、戦争や安全保障の問題が「国の専権事項」とされていないことを正確に認識する必要がある。

4 おわりに

二風谷訴訟判決では、「アイヌ民族の文化を不当に軽視ないし無視している」として、アイヌ民族の聖地のダム建設が違法とされた (1997 年 3 月 27 日札幌地裁・判例時報 1598 号 33 頁)。この判決を前提とすれば、宮古島の人々にとって神聖で信仰の対象であった「御嶽」を、十分な調査と慎重な配慮もせずに切り崩して自衛隊の駐屯地を建設したり、石垣島の人々にとっての信仰の対象である於茂登岳を自衛隊駐屯地にすることが法的に許されるのか。仮に法的には問題がないとしても、地域の住

第6章　南西諸島の自衛隊配備　139

民が信仰の対象としてきた場所を、地域住民の声を顧みずに自衛隊の駐屯地にしようとする防衛省・自衛隊は、本当に地域住民に寄り添った対応をしてきたのか。住民に寄り添わない防衛省・自衛隊が有事の際、本当に地域住民を守るのか。

　これまで紹介したように、与那国島、石垣島、宮古島、奄美大島への自衛隊配備は日本防衛のためではなく、アメリカの軍事戦略「エアシーバトル構想」の一環である。有事の際、これらの島は再びアメリカや自衛隊の「捨て石」にされ、多くの住民が犠牲になる危険性が生じる。

　小泉自公政権下での行財政改革で地方交付税交付金が削減された影響で自治体財政が苦境にたたされたために「財政」をなんとかしなければならないとしても、「自衛隊配備」が本当に今まで引き継がれてきた、これらの島の良き伝統、コミュニティの維持のために適切なのか。豊かで美しい自然に恵まれたこれらの島を、戦争の際の「標的の島」に変えてしまうこと、アメリカの軍事戦略の捨て石となることを認めても良いのか。

　与那国島では「自衛隊配備」という国策により反対派と賛成派の対立は深刻化し、学校の入学式や卒業式などでも席を別々にするなど、島民の「平和」が破壊されている。「目の前の利益」だけではなく、私たちは子どもや孫の世代の平和な生活を見据えて、自衛隊配備の問題に真摯に向き合う必要がある。

[注]

1　水島朝穂「『戦争のはじめかた』の終わりかた　『バッファロー・ソルジャーズ──戦争のはじめかた』グレゴール・ジョーダン監督、2001 年」志田陽子編『映画で学ぶ憲法』（法律文化社、2014 年）7 頁。

2　ケビン・メア『決断できない日本』（文藝春秋、2011 年）111 頁。

3　小西誠『オキナワ島嶼戦争　自衛隊の海峡封鎖作戦』（社会批評社、2016 年）128 頁。

4　エアシーバトル構想については小西誠『自衛隊の南西シフト　戦慄の対中国・日米共同作戦の実態』（社会批評社、2018 年）1　30–139 頁、小西誠　前掲注 3 文献　98–112 頁参照。

5　木内啓人「統合エア・シー・バトル構想の背景と目的──今、なぜ統合エア・シー・バトル構想なのか」『海幹校戦略研究』12 号、2011 年、139–162 頁。

6　前田哲男・飯島滋明編著『国会審議から防衛論を読み解く』（三省堂、2003 年）331–388 頁。

7 古川純「戦争「違法化」へとすすむ世界の憲法と非核自治体運動」星野安三郎・森田俊男・
古川純・渡辺賢二『【資料と解説】世界の中の憲法第九条』（高文研、2004 年）143 頁。

[付記]
　この原稿の執筆に際しては仲村未央前沖縄県議、亀濱玲子沖縄県議、次呂久成崇沖縄県議、
田里千代基与那国町議員、花谷史郎石垣市議、内原英聡石垣市議、仲里タカ子宮古島市議、
沖縄平和運動センターの岸本喬さんに情報や資料の提供などで大変お世話になりました。こ
の場にてお礼をさせて頂きます。なお、文章の内容についての責任は当然、私にあることは
念のために付記させて頂きます。

第3部 自衛隊員・自衛官の現実

福岡高裁前の判決報告集会
(2008年8月25日、写真提供：さわぎり人権侵害裁判を支援する会事務局)

第1章

自衛隊内の人権侵害
自殺、いじめ問題の解決は軍事オンブズマン制度で

今川 正美
いまがわ まさみ

1947年、長崎県生まれ。長崎県佐世保市生まれ。佐世保地区労事務局長。衆議院議員(2000年・1期、社会民主党)を経て、長崎県地方自治研究センター事務局長。

1 自衛官の自殺

　創設いらい「専守防衛」という理念に基づいて訓練を重ねた自衛隊。しかし、国際情勢の変化の中で自衛隊は徐々に大きな変容を遂げていく。「国際平和協力法」に基づいて派遣されたカンボジアPKO。さらに、

自衛隊員の自殺数

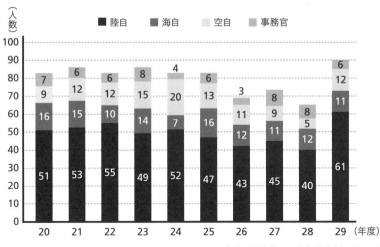

出典：防衛省の国会提出資料による。

アフガニスタン戦争やイラク戦争に際して米軍支援のために実質"戦場派兵"されたインド洋派兵やイラク（サマワ）派兵。

そして、2015年「安保関連法制」（政府の呼称「平和安全法制」）の成立に伴って、「米艦防護」や「駆け付け警護」という新たな任務が加わり、多国間共同軍事演習への参加も日常的になった。

「安保関連法制」は限定的とはいえ集団的自衛権の行使を認めており、「海外での武力行使」が想定されている。

こうした任務の多様化によって、現場の自衛官は激務に悩まされているという。例えば、イージス艦（6隻）の運用では、専守防衛の名目で4隻が横須賀・佐世保・呉・舞鶴に配備されており、残る2隻で南シナ海での合同演習や中東方面への派遣（政府はイラン包囲の「有志連合」への派遣を検討中）など相当の無理が生じている。「水陸機動団」創設に伴う米海兵隊による指導・訓練はより実践的で厳しいものとなっている。

では、こうした自衛官の「人権」はどうなっているのだろうか。

ちなみに、自衛官の自殺数はこの10年間で毎年65～90人にのぼり（**上図**）、原因ではその他・不明が約5割を占めている。「その他」は将

来への不安・厭世などであり、「不明」は暴力的制裁などパワハラによるものと思われる。

自衛官の自殺については、いくつかの事例を示しておきたい。

1 護衛艦「さわぎり」の自殺事例

まず、海上自衛隊佐世保地方総監部所属の護衛艦「さわぎり」艦内でのいじめ自殺事案である。

機関科隊員のH氏は、上司のA班長による執拗で陰湿ないじめに苦しんだあげく1999年11月8日、艦内で首吊り自殺した。21歳の誕生日、妻と生まれて間もない子どもを残しての痛ましい事件であった。

A班長はH氏の技能練度について執拗に叱責し「ゲジ2（艦内での賭けトランプで、役に立たないカード＝最も人格の低い者の意味）」と呼んで蔑んだ。自殺のひと月前ほどから鬱症状が顕著となったが、上司らは何ら対処しようとしなかった（※これらの一部始終はH氏の母親がノートに克明に記録している）。

H氏は、艦内で飲酒や賭け事が行われ、規律が著しく乱れていることを「こんなことでは自衛隊はだめになる」と嘆いていたが、この事件に関して設置された総監部の調査委員会も飲酒や賭け事を認めている。

さらに、事件後の2000年4月、A班長が曹候補実習員ら2人を規律違反を理由に頭を丸刈りにしたことが報道されたが、調査委員会は不問に付した。

同委員会が作成した「調査報告書」は、遺族の意思も確かめず新聞・テレビ各社に配布された。その内容は、H氏を「事故者」と特定し、「いじめ」を一切否定して、三等海曹という階級と自己の技能練度との乖離に苦悩したことが自殺の大きな要因、と結論付けている。

所詮、自衛隊の内部調査に過ぎなかった。遺族は、防衛庁（現防衛省）が意図的に自らの不始末を隠ぺいしようとしていると憤慨した。

遺族は、2001年5月ご子息H氏の名誉回復にとどまらず自衛隊内活動の透明化と自衛隊員の人権確立（「軍事オンブズマン制度」創設）を求めて、長崎地裁佐世保支部への提訴に踏み切った。

国（防衛庁）を相手取っての本格的な訴訟は初めてである。九州各県

の労働組合や社民党、市民によって「海上自衛艦『さわぎり』の『人権侵害裁判』を支える会」が結成され、法廷傍聴や街頭宣伝・署名などに取り組んだ。

判決は4年後の2005年6月27日。裁判所は、事実関係の大半を認めながら、「上官のある程度の乱暴な言動は指導の範囲内」「Hの自殺を予見する可能性は乏しかった」との判断を下して、国の責任を認めなかった。

2005年7月11日、遺族は諦めることなく福岡高裁に控訴した。

2008年8月25日、判決は第一審と際立った違いであった。「いじめについて」──上司A班長の言動は、Hに対して心理的負担が過度に蓄積されるもので、指導の域を超えるものであった。「安全配慮義務違反について」── A班長は部下Hの心理的負荷ないし精神的疲労が蓄積しないよう配慮する義務を負う。変調があったのに継続的に本件行為をなしたのは国家賠償法上違法である、として国の不法行為責任を認めたのである。

2│護衛艦「たちかぜ」の自殺事例

全く同様のいじめ自殺事案が海上自衛隊横須賀地方総監部所属の護衛艦「たちかぜ」でも起こった。

2004年10月27日、護衛艦「たちかぜ」の電測員I氏(一等海士)が、電車に飛び込んで自殺した。教育隊での訓練を終えて護衛艦「たちかぜ」に初めて配属されて10カ月、享年21歳。遺書を残しており、両親や友人への感謝と惜別の言葉が綴られた後、激しい罵りの言葉が書かれている。「電測員S二曹へ　お前だけは絶対に許さねえからな。必ず呪い殺してヤル」。

班長のS二曹は部下のI氏と同僚らに対して、日常的に電動ガンやガスガンで人体を撃ち、暴行を加え、さらに恐喝までして金をまきあげていたという。護衛艦「たちかぜ」は当時護衛艦隊の旗艦であり、そのCIC(戦闘指揮所)で暴行、恐喝が行われていたという海上自衛隊史上、前代未聞の事件だった。

S二曹は起訴され、2005年1月19日、横浜地裁横須賀支部で懲役2

年6カ月（執行猶予4年）の有罪判決を受け、同月、自衛隊からも懲戒免職処分となった。

I氏のご両親は国とS二曹を相手取り、2006年4月5日、国家賠償請求訴訟を横浜地裁に起こした。同地裁の判決では、いじめと自殺の因果関係を認めつつも、「自殺までは予見できなかった」として賠償は認めなかった。

控訴した東京高裁では、海自は実施したいじめに関するアンケート調査の結果を「破棄した」と言っていたが、国側証人の現役自衛官（三佐）が「隠されている」と告発し衝撃を与えた。2014年4月、判決では「自殺の原因が上司の暴行・恐喝であり、上司らが適切に対処すれば自殺は回避できた」として国側に賠償命令を下した。

3│航空自衛隊浜松基地の自殺事例

2003年11月13日（日）、航空自衛隊浜松基地第1術科学校第2整備課動力器材係所属のB氏（3等空曹）は休日勤務を終えて自宅アパートに戻り、自殺した。妻と生後5カ月に満たない長男を残して、テーブルには「本当にごめん。さようなら」との遺書があった。

B氏は、2004年から3カ月間、命令によってクウェートに派遣されて帰国。職場の上司Nによるいじめ行為はこの頃からひどくなっていった。暴行や暴言を伴った「指導」、権限がないのに禁酒を命じ、身分証明書を半強制的に取り上げ、100枚もの反省文もしくは辞表作成などを指示した（浜松基地「調査班」の説明）。

二人の関係を見かねた元ショップ長F准尉はNの異動を具申したが、異動はなし。それを知ったB氏はその翌日、自殺した。

2008年4月14日、両親と妻が原告となり、静岡地裁浜松支部に提訴した。

同年10月には「裁判を支える会」が結成され、結成集会には各地の自衛隊人権侵害裁判の原告も参加した。

2010年12月には公務災害が認定された。そして2011年7月11日、静岡地裁浜松支部で「勝訴判決」が出された。

2 絶えない暴行・いじめ事例

広島県江田島市の第1術科学校。海上自衛隊の特殊部隊「特別警備隊」の隊員を養成する学校だ。

C氏（3等海曹）は、同特別警備課程を中途でやめ、潜水艦部隊への異動を控えていた。

ところが、一人で15人相手の「格闘訓練」をさせられ、頭を強打して意識不明。教官らの対処のまずさもあり呉市の病院で2週間後に急性硬膜下血腫で死亡した。教官らはC氏の遺族に「（異動の）はなむけのつもりだった」と説明している。遺族は「訓練中の事故ではなく、脱落者の烙印を押し、制裁、見せしめの意味を込めた集団での体罰だ」と憤った。

仮に「格闘訓練」であれば、その場に医官や衛生員が待機して不測の事態に備えていなければならないが、この件ではいなかった。

この他、陸自真駒内駐屯地暴行死亡事件（「命の雫」裁判）、空自北海道通信基地セクハラ事件、空自小松基地暴行負傷事件、陸自朝霞駐屯地御殿場での訓練中死亡事件、陸自反町分屯地過労死事件、陸自普通科連隊大阪でのレンジャー訓練での暴行負傷事件、陸自東北方面通信群いじめ自殺事件、など全国で20件を超える「自衛官人権侵害」が行われて、原告側勝訴もしくは賠償・和解となっている。

まさしく、自衛官の人権侵害は自衛隊の"組織的病根"と言うべき実態にある。

ところで、昔の兵士や現在の自衛隊員たちの"反抗"はなかったのだろうか。故・丸谷才一氏（文芸評論家）の『袖のボタン』（朝日新聞コラム。2006年2月7日）を見ておこう。——日本海軍はみずから爆沈した軍艦が5隻もあり、内4隻の爆沈の原因は不明。ただし、中井久夫氏の『関与と観察』（みすず書房）によると、「少なくとも半数は制裁のひどさに対する水兵の道連れ自殺という噂が絶えない」という。

現在の自衛隊員では、2002年、護衛艦「うみぎり」で3度にわたって放火事件が起きている。犯人の海士長と3尉が「上司のいじめに対す

第1章　自衛隊内の人権侵害　149

るうっぷん晴らしでやった」と供述している。

3 防衛省のメンタルヘルス教育の強化

防衛庁（現防衛省）は護衛艦「さわぎり」での自殺事案を契機に、2000年7月「自衛隊員のメンタルヘルスに関する検討会」を設置（座長：高橋祥友・東京都精神医学総合研究所副参事研究員）し、同年10月、「自衛隊員のメンタルヘルスに関する提言」をまとめた。それに先立ち、陸上自衛隊北部方面隊は自衛隊員の精神的疾病と自殺者の多さに危機感を抱き、高橋祥友氏の指導の下でメンタルヘルスを検討した。

「提言」では、メンタルヘルス活動における各機能の相互連携が乏しく、自衛隊全体においてメンタルヘルス活動の必要性を認識する必要がある。事案ごとの対応では、「自殺防止対策」として、「うつ状態」の特性、隊員のストレスの把握、隊員の異常を観察する視点など、具体的対処要領などの内容を重視する（以下、省略）。

この提言をもとにパンフレットを作成して陸海空の各部隊に配布し、メンタルヘルス教育を強化したが、どの程度の効果があったかは不明である。

4 旧陸海軍の対処

こうした暴力的制裁・指導などによる自殺について、旧陸海軍ではどうだったのだろうか。

憲兵司令部「最近における軍人軍属の自殺について」（1938年の論説）は、陸海軍の軍人軍属の自殺者数は、毎年120人内外で一般国民の自殺率よりやや高く、世界の軍隊で日本が一番高いということになる、と結論づけている。

戦争神経症の専門家でもあった桜井図南男（陸軍軍医少尉）の考察によると、「命令に絶対服従する画一的な兵士」「強力なる軍隊」を作るためには「多少の落後者、犠牲者」が出るのはやむを得ないと断言する。つ

150　第3部　自衛隊員・自衛官の現実

まり、日本の陸海軍は兵士を自殺に追いやるような体質を持っていた（吉田裕著『日本軍兵士』）。

片山杜秀氏（政治学者）の論考「体罰・近代日本の遺物――『持たざる国』補う軍隊の精神論」（「朝日新聞」2013年2月19日付）によると、海軍軍人だった鈴木貫太郎・元首相は「日清戦争前の海軍兵学校はそうした暴力とは無縁だった」という（『自伝』）。

転機は日露戦争だ。河辺正三・陸軍大将の著作『日本陸軍精神教育史考』によると、「超大国ロシアに『持たざる国』の劣位や体力不足で日本が張り合うには、精神力で補うしかない。国民みなに日頃から"大和魂"という下駄を履かせる」というわけだ。

こうして大正末期からは一般学校に広く軍事教練が課され、過激なしごきは太平洋戦争中の国民学校の時代に頂点をきわめた。

ところで、「人的資源」とは何か。護衛艦「さわぎり」人権侵害裁判の原告であるH氏の母親Nさんがテレビ番組で山崎拓自民党幹事長（当時）が「自衛隊という資源、人的資源を持っている……」と発言したのを聴いて、「人間を資源と言うのはおかしい。自衛官を使い捨てにするような発想が表れている」と強い違和感を覚えたと言う。その言葉がきっかけでジャーナリストの吉田敏浩氏が『人を"資源"と呼んでいいのか』（現代書館、2010年）を出版した。その内容を若干引用してみる。

　　人間を様々な軍需物資「物的資源」と同じように、戦争遂行のための国家の資源として扱うのが本来の意味である。「人的資源」の発想も言葉も戦前の軍部と官僚機構による国家総力戦・総動員体制づくりの過程で生み出されたものである。
　　敗戦後間もない国会では、「人的資源」の発想は「堕落した人間観、人間性を否定する哲学」（民主党・北村徳太郎議員）と厳しく批判され、多くの議員が共感した。

しかし、昭和40年代後半からは影をひそめる。昭和から平成へと時代が移り、行政改革・民間活力導入・国際競争力の強化などのスローガ

第1章　自衛隊内の人権侵害　　151

ンのもと、国会は「人的資源」活用論の花盛りの状況を呈している。

5 軍事オンブズマン制度の導入を

ところで、こうした防衛省・自衛隊の「組織的病根」にメスを入れ、自衛官の「人権保障」を確立する有力な手掛かりの一つが「軍事オンブズマン制度」の導入であると思う。

オンブズマン制度の歴史は古く、1713年、北欧のスウェーデンで創設されたのが始まりだ。

その後、ナチスを逃れてスウェーデンに亡命していたドイツの議員がドイツに戻り、その制度について「1956年、ナチスを教訓に二度と軍が悪用されないために設置された」「兵士の不満や異論を議会がチェックすることで軍内部に潜む問題点を明らかにし、議会による軍の統制を図ることが目的だ」「軍事オンブズマンは連邦の補助機関で、兵士は直接オンブズマンに苦情を訴える権利が保障されている。入営直後の講習で、これらの権利について兵士に周知させている」「オンブズマン側には、事前通告なしで軍の施設を調査し、関係者に事情を聴く権限が与えられている」と述べている（ドイツ議会軍事オンブズマン・ラインホルト・ロッペ氏（当時）に聞く。「東京新聞」2008年12月24日付）。

国際会議も2009年5月10日ベルリンで開かれている。第2回会議に個人として出席された石村善治・福岡大学名誉教授の報告によると、「ドイツには軍の労働組合『連邦軍協会』があり、会員は現役兵、退役兵とその家族で約21万人。自分たちの待遇改善や装備の充実などを求めて政治家に働きかけ、デモも行っている。『良心なき命令は拒否せよ』と内面指導している」と言う。

日本ではどうだろうか。「民主国家では必須の制度だと思う。同制度の導入を検討している国は増えている」とロッペ氏は言う。

軍事機密の厚いベールに包まれた自衛隊組織の透明性を高め、不正事件を摘発し、自衛官の人権を保障するために不可欠の制度ではないだろうか。官僚任せでなく、超党派の議員連盟を立ち上げ、国会で大いに議

論すべきだと思う。

[参考文献]
・海上自衛艦「さわぎり」の「人権侵害裁判」を支える会『自衛官の人権を求めて──海上自衛艦「さわぎり」の「人権侵害裁判」報告集』(タイム社印刷株式会社、2009 年)
・浜松基地自衛官人権裁判を支える会『自衛隊員の人権は、いま』(社会評論社、2012 年)
・三宅勝久『自衛隊という密室──いじめと暴力、腐敗の現場から』(高文研、2009 年)
・吉田敏浩『人を"資源"と呼んでいいのか──「人的資源」の発想の危うさ』(現代書館、2010 年)
・三浦耕喜『兵士を守る──自衛隊にオンブズマンを』(作品社、2010 年)
・島袋勉『命の雫』(文芸社、2009 年)
・吉田裕『日本軍兵士──アジア・太平洋戦争の現実』(中公新書、2017 年)

防衛大学校の卒業生と握手する安倍首相
（2019年3月17日午後、神奈川県横須賀市、写真提供：共同通信）

第2章

「世界一の士官学校」をめざす防大の教育

佐藤 博文
さとう ひろふみ

1954年、北海道生まれ。弁護士、自衛官の人権弁護団・北海道団長。自衛官や家族の人権に関わる相談を受け、部隊との交渉、公務災害認定、裁判などに取り組んできた。

1 防衛大学校とは

1 | 士官学校である

　防衛大学校（以下「防大」という）は、防衛省の教育・訓練施設であり、幹部自衛官を養成する諸外国軍隊の「士官学校」に相当するものである。

最近は「世界一の士官学校を目指して」と公言してはばからない。

防大は、1952（昭和27）年の保安隊創設に伴う保安大学校に始まり、1954（昭和29）年の自衛隊創設に伴い改名したもので、保安隊から自衛隊へという戦後日本の再軍備にそのまま符合している。

防大生は自衛隊員であり、特別職の国家公務員である。授業料は免除され、衣食住が国費でまかなわれ、さらに学生手当月額約10万円、賞与年額約32万円が支給される。職務専念義務が課される。

卒業生の進路は、陸上・海上・航空自衛官（幹部候補生たる曹長）に任官し、各幹部候補生学校（陸上・海上・航空）へ入校する。幹部候補生学校の教育期間は約1年で、一般大学卒業生も入ってくる。しかし、防大生は、すでに自衛官としての基礎的な教育訓練を受けているので、4年間分の「メシの差」があることになる。

幹部候補生学校卒業後に3尉に任官し、一般部隊・術科学校等に配属され、すぐに小隊（10〜50人程度）の指揮官となる。

2 ｜ 大学ではない

防大は、もともと税務大学校や自治大学校などと同じ各省庁の教育訓練施設である。文科省が管轄する学術研究および教育の最高機関として、学校教育法に基づいて設置される「大学」ではない。

従って、一般大学と同様に入校試験に合格する必要があるが、入学試験とは言わず「採用試験」といい、「学業」とは言わず「課業（業務）」という。

学生は他大学へ転入学・編入学できず（最初から受験し直さなければならない）、学位も独立行政法人大学評価・学位授与機構に申請して授与され、1992年（36期卒業生）から「学士」「修士」が授与されるようになったにすぎない。

卒業生の進路は幹部候補生学校のみで（これを「任官」という）、他の進路はなく、任官を拒否した学生は、卒業式にも出席できない。

防大への進学を一般大学への進学と同じように考えるのは、世界有数の軍隊を災害救助や国際人道支援の組織のごとく誤認するのに等しい。

なお、一般採用試験にかかる費用は無料で、原則として各都道府県に

第2章 「世界一の士官学校」をめざす防大の教育 155

１カ所以上の会場が設けられ、秋に実施されることから、国公立大をめざす生徒の模試として利用されており、これが高倍率、高偏差値の理由となっている（合格者中の入校者の割合は非常に低い）。

2 防大の教育・訓練内容

1｜防大の教育内容

防大の教育は、文科省下の大学とは全く違う。防大４年間の学生生活の目標を表にしたものが、**表１**の学生必携・各学年の目標である。

教育・訓練・学生舎・校友会の４つを柱として、上命下服の軍隊規律の下で「学ぶ」。

学生舎は寄宿舎生活であり、校友会はクラブ活動である。

教育課程は、教養、外国語、防衛学（軍事学）、体育（実技）が必修科目となり、それに専門科目が加わる。

訓練課程は、「自衛隊の必要とする基礎的な訓練事項について錬成」するもので、各学年全員が同じ訓練を行う共通訓練と、２学年において陸上・海上・航空要員に指定された後に行う専門（要員）訓練に区分される。

また、毎週２時間程度実施される課程訓練と年間を通じ集中（１カ月の訓練を１回、１週間の訓練を２回程度）して実施される定期訓練がある。８キロ遠泳、40キロ夜間行進、富士登山などが「限界に挑戦」として行なわれている。

2｜全員が学生隊に組織

防大生は、入校すると、全学生が所属する「学生隊」に組織される。学生隊は、４つの大隊からなり（４つの学生舎に対応）、１個大隊は４個の中隊（各学生舎の４つの階に対応）、１個中隊は３つの小隊で編成されている。この学生隊が、防大における学生生活の基盤になっている。

また、学生が将来幹部自衛官として部隊を指揮し、業務を処理するための基礎能力を体験、研修させ、学生隊の円滑な運営を図ることを目的として、学生隊・大隊・中隊・小隊等に学生長、週番学生、室長等の勤

表1 学生必携・各学年の目標

区分	リーダーシップ・フォロワーシップ			
	教育	訓練	学生舎	校友会
1学年	教育基盤の習得	自衛官としての共通事項の習得	模倣 (形から)	積極参加
2学年	専門基礎の習得	・各個動作の概ね習得 ・小部隊指揮官法の体験	垂範 (1学年に範を示せる)	実力の養成 (戦力化)
3学年	専門科目の深化	・各個動作の習得 ・小部隊指揮官法の体験	探究 (次期最高学年としての組織的な指導を探求)	実力の発揮 (試合での活躍)
4学年	専門科目の発表	小部隊指揮法の概ね習得	教導 (教え導きながら下級生を指導)	牽引

出典：学生必携「第3章　防大生活(自己陶冶)の要旨」より

務学生を置いている。各勤務学生は、それぞれの任務を行なうために、各指導教官の指導監督のもとに、定められた業務を行なう。

学生舎の「部屋」は1〜4年生8〜9名で構成され、ここが「学生生活」及び「学生間指導」のメインになる。

3 | 学生間指導

学生間指導は、**表1**「学生舎」の欄のとおり、上級生から下級生に対して行なわれ、学生の部隊指揮及び業務処理の基礎能力を習得させることを目的としている。要するに、自衛隊の部隊及びその指揮官に疑似した活動である。

学生の外出は全て許可制で、違反すると服務規律違反や懲戒処分に問われる。規律違反行為に対しては、大隊・中隊・小隊等のそれぞれにおいて、集団責任が問われる。

なお、防大生の「規律正しい生活」の具体的な内容は、「学生の心得」に詳細に記載されている。

3 「学生間指導」の実態

1 調査報告書に書かれた具体的内容

　防大は、2013（平成25）年と2014（平成26）年に、保険詐欺事件（卒業生5名が懲戒免職、在校生13名が懲戒退校）、暴行いじめ事件（8名が刑事告訴を受け、3名が罰金刑。裁判が福岡地裁に係属）を起こし、社会的批判を浴びた。

　これに対し、防大は、「社会常識からかけ離れた防大創設以来の重大事案」として、2014年12月に、『「学生間指導のあり方」（学生用教育資料）〜世界一の士官学校をめざして〜　平成27年に向けて』を出して、学生間指導への指導教育を徹底した。

　防大は、それに先立つ2014年8月、学校長を委員長に「学生間指導臨時調査委員会」を設置し、2016（平成28）年2月18日付で「防衛大学校における不適切な学生間指導等に関する調査報告書」を作成している。この調査報告書には、次のような生々しい実態が記載されている（■はスミ塗りの部分）。

① 　平成25年6月頃、■■元学生（4学年）は、学生舎の居室が同じ1学年が電話対応、清掃などにおいて不適切な行為があった際に付けていた「粗相ポイント」を精算するとして、1学年5名に対し、乾いたカップ麺を食べさせ、カルピスの原液の一気飲み、腹を踏む、風俗店に行かせて動画を撮らせる等の理不尽な行為を複数回行った。

　　　■■学生は風俗店に行くことを断ったことから、■■学生（1学年）に見張りをさせた上で、■■学生（1学年）に下半身を露出させ、下腹部にアルコールをかけ、火を点けて火傷を負わせ、その状況を■■及び■■学生（1学年）に撮影させ、同室のLINEへ動画を投稿させた。

② 　平成25年10月14日、■■学生（3学年）は、中央観閲式のパレード早朝訓練のため、同室の■■学生及び■■学生（1学年）に起こす

よう指示したが、当該2名が■■学生を含む上級生を起こさなかったことから、「上級生への気遣いが足らない」として当該2名の顔面を拳で1回殴った。

③　平成25年秋頃、部屋のポットのお湯を交換していなかったことに対する罰として、■■学生及び■■学生に対し、ズボンと下着を脱ぐように指示し、掃除機で両者の陰茎を吸引し、その後も複数回同様の行為を行った。

④　平成26年5月6日■■学生は、不正外出が発覚した■■学生に対し、当該不正外出に関して指導していたところ、■■学生の態度に怒り、同日から9日までの間、■■学生に対し、顔面を殴る・蹴る、胸ぐらを掴む等の暴行、ベッドや机の中身を散らかす等の「飛ばし」行為などの不適切な指導を行った。

⑤平成26年6月上旬、第■中隊の行事として、各部屋の2学年が自己紹介をするに当たり、■■学生（3学年）は、当時休学中であった■■学生の写真を遺影のように作成し、■■及び■■学生（2学年）は、■■学生をこの遺影のような写真により紹介した。

　その後、■■学生は遺影のような写真を部屋のホワイトボードに掲示し、■■学生が写真のまわりのホワイトボートに鳥居を記入するとともに、■■学生は、この写真を第■中隊2学年全員のSNS（LINE）に投稿し、この写真を不適切と感じた■■学生（2学年）は、これをスクロールの枠外にしようと、わら人形を含む大量のスタンプをLINEに投稿した。

2 | 全学生アンケート調査

　防大は、前記調査委員会の調査にあたり、全学生（1,874名）から聴き取り調査を行なっており、それを「総括指導教官教育」（平成26年8月28日付）にまとめている。その結果は、想像を絶するものであり、主な内容を紹介する。

　表2によると、「殴る」を見た4年生は57%、「蹴る」を見た4年生は48%もいる。「殴った」「殴られた」という当事者を除いた数である。「複

表2 暴力・脅迫・恫喝・制裁

質問	学年	見た	聞いた
殴る	1	119 (21%)	191 (34%)
	2	200 (49%)	133 (33%)
	3	147 (35%)	217 (52%)
	4	278 (57%)	192 (39%)
蹴る	1	157 (28%)	138 (25%)
	2	175 (43%)	114 (28%)
	3	150 (36%)	155 (37%)
	4	236 (48%)	137 (28%)
複数人で囲んで指導	1	140 (25%)	110 (20%)
	2	156 (38%)	101 (25%)
	3	212 (51%)	181 (43%)
	4	374 (76%)	162 (33%)
消灯後に呼出し	1	262 (47%)	179 (32%)
	2	273 (67%)	178 (44%)
	3	263 (63%)	196 (47%)
	4	326 (66%)	180 (37%)
怒号・罵声を浴びせる	1	388 (70%)	187 (34%)
	2	21 (5%)	15 (4%)
	3	299 (72%)	216 (52%)
	4	331 (67%)	166 (34%)

出典：「総括指導教官教育」の「学生聴き取り結果」
（2014年8月28日）より

数で囲んで指導」を見たという4年生は76%もいる。

他方で、入校してわずか4か月の1年生も、それぞれ21%、28%、25%もおり、入校するなり"洗礼"を受け、学校全体に蔓延していることがわかる。「怒号・罵声を浴びせる」に至っては、見たという1年生が70%もおり、全校的、日常的に行なわれていることが顕著である。

これは、加害者にとっては、被害者や同室者、目撃学生らから問題にされない安心感があり、被害者にとっては、問題にすると「先輩に逆らう者」「協調性のない者」とレッテルを貼られ、仲間外しやいじめに遭うので沈黙・隷従を余儀なくされることを意味する。

　表3は、その他の人権侵害の例である。

①「ロッカー／引き出し等の中のものを何度も飛ばす」は、入校して約4カ月に過ぎない1年生が、「やられた」36%、「見た」27%と、合せて63%を占めており、1年生が上級生のターゲットになっていることがわかる。入校直後から、全校的に引き継がれて行なわれ

表3 「悪ふざけ」「伝統」に仮借した人権侵害

質問	学年	やった	やられた	見た	聞いた
ロッカー／引き出し等の中のものを何度も飛ばす	1	10 (2%)	200 (36%)	150 (27%)	134 (24%)
	2	61 (15%)	179 (45%)	275 (68%)	168 (41%)
	3	91 (22%)	168 (40%)	259 (62%)	170 (41%)
	4	150 (30%)	117 (24%)	308 (63%)	171 (35%)
エアーガンで撃つ	1	0 (0%)	2 (0.4%)	3 (0.5%)	9 (2%)
	2	0 (0%)	32 (8%)	61 (15%)	76 (19%)
	3	1 (0%)	25 (6%)	91 (22%)	148 (35%)
	4	2 (0.4%)	9 (2%)	102 (21%)	67 (14%)
体毛を燃やす	1	1 (0.2%)	8 (2%)	12 (2%)	115 (21%)
	2	5 (1%)	49 (12%)	140 (34%)	149 (37%)
	3	5 (1%)	55 (13%)	174 (42%)	216 (52%)
	4	22 (4%)	32 (7%)	192 (39%)	190 (39%)
下級生のミスを点数にし、溜まったポイントにより罰ゲームをやらせる	1	1 (0.2%)	67 (12%)	19 (3%)	79 (14%)
	2	0 (0%)	90 (22%)	236 (58%)	149 (37%)
	3	30 (7%)	125 (30%)	273 (65%)	227 (54%)
	4	125 (25%)	116 (24%)	313 (64%)	166 (34%)
上記行動を動画で撮影し、LINE上に公開する	1	1 (0.2%)	3 (0.6%)	3 (0.5%)	21 (4%)
	2	8 (2%)	4 (1%)	60 (15%)	76 (19%)
	3	0 (0%)	10 (2%)	99 (24%)	149 (36%)
	4	4 (0.8%)	6 (1%)	40 (8%)	41 (8%)

出典：「総括指導教官教育」の「学生聴き取り結果」（2014年8月28日）より

　ていることがわかる。

②「エアーガンで撃つ」は、「やられた」が2年生で8％、3年生で6％もおり、「見た」に至っては3年生22％、4年生で21％もいることに驚く。これも、学生舎内に多数存在し、人前で公然と使われていることを意味する。そもそも、防大では、重大事故を招来しかねない「エアーガン」をなぜ自由に持たせているのか、その所持や管理はどうなっているのか、甚だ疑問である。

③「体毛を燃やす」は、「陰毛ファイヤ」「チン毛ファイヤ」等と呼ばれ、

身体に危害を及ぼすだけでなく、性的な尊厳、人格的な尊厳をも深く傷つける行為である。「やった」者は少ないものの、「やられた」者が、2年生で12%、3年生で13%もいることに驚かざるをえない（8人に1人である。1学年の男子生徒が400名として50人に上る）。

　また、入校して約4カ月に過ぎない1年生でも「聞いた」者が21%いるということも、驚きである。入校直後から学生舎（部屋）で行なわれていることを示し、かつ、「伝統」として引き継がれていることが窺われる。

④「下級生のミスを点数にし、溜まったポイントにより罰ゲームをやらせる」は、「やられた」が3年生で30%、4年生で24%である。「見た」はそれぞれ65%、64%である。

4 服務規律違反と懲戒処分の実態

1 悪循環の確立

　表4は、情報開示請求を行なって入手した、2007（平成19）年度から2017（平成29）年度まで11年間における、防大生の服務規律違反者一覧と懲戒処分台帳を集計して、両者を比較対照したものである。

　服務規律違反者には、懲戒処分を受けた者の他、「自殺（未遂）」や「行方不明」、「事故」、「私行上の非行の関係者」、被害者、加害者不明の事案なども含まれる。従って、実際に処分を受けた懲戒処分者より多い。

　この表から明らかなことは、まず、発生頻度の異常な高さである。服務規律違反は、11年間・132カ月間で、1,319件に上る。これは、1年に120件、1カ月に10件の割合で発生し、学校が対応に追われていることになる。概ね平日の2日に1件の頻度である。

　防衛大の学生数は、1学年が450名程度であるから、比較的大きな中学・高校と同規模である。この程度の学校で、これだけ非行事案が多発し、長期間改善されないことが明るみになれば、公立校であれ私立校であれ、監督官庁（文科省又は教育委員会）による監督権行使が行なわれ、学校の存続など許されない深刻な社会問題となろう。

162　第3部　自衛隊員・自衛官の現実

表4　服務規律違反者一覧と懲戒処分台帳

服務規律違反		懲　戒　処　分						
年　度	件　数	年度連番	学年ごとの数				私的制裁	刑法犯相当
			1	2	3	4		
平成19	79件	36件	2	8	11	15	0件	11件
平成20	89件	39件	1	1	5	32	0件	8件
平成21	130件	69件	11	12	26	20	4件	9件
平成22	84件	89件	12	21	18	38	35件	18件
平成23	145件	59件	20	18	9	12	6件	7件
平成24	98件	36件	5	10	10	11	6件	2件
平成25	138件	66件	5	18	27		5件	17件
平成26	167件	48件	6	8	8	26	5件	30件
平成27	157件	91件	14	24	23	30	14件	30件
平成28	128件	74件	19	21	19		7件	19件
平成29	104件	56件	6	11	22	16	4件	5件
合　計	1,319件	663件	101	151	162	246	86件	147件
平均／年	119.9件	60.3件	9.2	13.7	14.7	22.4	7.8件	13.4件

出所：防大生の服務規律違反者一覧表と懲戒処分台帳を筆者が集計整理したもの

　次に、非行内容の多様さと深刻さである。余りの数の多さと事案の多様さからか、懲戒処分台帳は、「違反コード」番号を付して管理しているほどである。私的制裁（その多くは暴力、強迫、強要、猥褻行為など）と刑法犯相当（横領、詐欺、窃盗、暴行、盗撮、準強姦、強制猥褻、暴力など）の数については、右側欄に記載した。

　そうすると、私的制裁が86件、刑法犯罪相当が147件で、合計233件となり、全体の35％を占める。悪質さの程度が常識を超えている。

　さらに、懲戒処分者663人を学年別に見ると、1年生101名、2年生151名、3年生162名、4年生246名となっている。高学年になるほど懲戒処分者が増え、4年生が一番多く、全体の37％を占める。これは、下級生が4年生を「模倣」し、悪循環が確立しているという証左である。

第2章　「世界一の士官学校」をめざす防大の教育　163

2 │ 改善が全く見られないこと

防大は、平成23年には、服務規律違反が145件、懲戒処分者が58件と激増した。

折しも当時、学校教育の現場での体罰やいじめ自殺、職場でのパワーハラスメントやそれによる精神疾患などが大きな社会問題になっていた。そこで、防衛省は2013（平成25）年3月4日、以下の内容の通達を発し、「施設等機関の長」たる防衛大学長を通じて周知徹底した。

「昨今、教育の場などでの体罰や苛めなどが社会問題となっているが、自衛隊において、暴行や強迫が許されないことは言うまでもなく、職務上の指導などとして下位の階級にある隊員に対して職務権限を超えて又は逸脱して不当に精神的又は肉体的な苦痛を与える行為についても私的制裁として厳に禁じていることについて、各隊員が肝に銘じるとともに、監督者は部下隊員に対して徹底すること」

しかし、服務規律・懲戒処分事案の発生状況は変わらず、2013（平成25）年が138件・66件、2014（平成26）年が167件・48件と、全く減らない。

このように見ると、防大が、本当に「社会常識からかけ離れた防大創設以来の重大事案」と認識していたのかどうか疑わしい。逆に、こういうことに耐えてこそ兵士の「精強さ」が磨かれると考えているのではないか。

5 大量の入校辞退者・中退者・任官拒否者

1 │ 着校者に対する任官割合は3分の2

防大の入試に合格した者は、入校式の1週間前に学生舎に入り（これを「着校」と言う）、初めて学生舎の「学生間指導」に接し、入校式に向けた訓練を行なう。この1週間の間に「こんなはずでなかった」「やっていけない」と辞退する者が数十名、その後卒業までに中退する者も数十名、卒業時に任官辞退する者も数十名に上り、結局、着校者に対する任官者の割合は3分の2程度である。

以上を、60 期 (2012〔平成 24〕年入校、2016〔同 28〕年卒業) でみると、次のようになる。

定　員　　480 名

合格者　　1,460 名 (定員の 3 倍)

着校者　　555 名 (合格者の 38%)

入校者　　502 名 (入校辞退者 53 名)

中退者　　79 名

卒業者　　419 名

任官辞退　47 名

任官者　　370 名 (着校者に対する任官者の割合 66.6%)

2 | いじめや嫌がらせが大きな理由

　仮に入校しても、中退者が非常に多い。自分で判断し円満に退学できればよいが、防衛大の教育・訓練や学生舎生活に耐えきれなくなり、学生舎を飛び出して行方不明になったり、精神を病む者が多い。

　部隊から逃げ出すことを自衛隊では「脱柵」と呼び、服務規律違反としては、「正当な理由のない所在不明」がこれに該当する。「脱柵」は服務規律違反 (表4) の 1,319 件中、42 件もあり、その中には、発見されたが死亡が確認されたという記載もある。

　他にも、自傷行為・縊死・薬物死が各 1 件 (平成 19 年) と自殺未遂 1 件 (平成 20 年)、自殺・自傷行為が各 1 件 (平成 23 年)、自殺未遂 2 件と自傷行為・縊死が各 1 件 (平成 24 年)、自傷行為 2 件、急性薬物中毒・自殺疑いが各 1 件 (平成 25 年)、自殺未遂 2 件 (平成 26 年)、自殺未遂 1 件 (平成 28 年) と、深刻な事件・事故が毎年のように起きている。

　生活に必要な一切の費用を国が出し、身分を保障し、しかも教育機関という組織で、これほどの「脱落者」を生むのは異常である。軍人として「精強さ」に欠ける者を次々と篩(ふるい)に掛けていると言える。このような実態は、国民に知られざる防衛大の「闇」と言わざるをえない。

6 自衛隊を憲法に書き込むと

　自民党は、憲法9条に、新たに「国及び国民の安全を保つための必要最小限度の組織」として自衛隊の存在を書き込むという。もしこれが実現すると、防大は、自衛隊組織の1つとして、憲法上の地位を与えられることになる。

　前述してきた実態の防大に、このような特別の地位を与えてよいのか。かれらに日本の平和と国民の人権を守ることを委ねてよいのか。私たち国民は真剣に考えなければならない。

74式戦車の操縦訓練にあけくれる女性自衛官たち（2000年7月21日、御殿場市の陸上自衛隊駒門駐屯地。写真提供：共同通信）

第3章

なぜ、女性自衛官の活躍を推進するのか

清末 愛砂
きよすえ あいさ

室蘭工業大学大学院工学研究科准教授。1972年生まれ。専門は、憲法学、家族法。主な著書に『自衛隊の存在をどう受けとめるか』（共編著、現代人文社、2018年）他多数。

1 女性自衛官の増加をねらう防衛省・自衛隊

　2019年度の自衛官広報動画「自衛隊のソレ、誤解ですから！」（Vol.1とVol.2）[1]を視聴したことがあるだろうか。自衛隊入隊後の生活や自衛官に対する社会一般のイメージを変えるために、「やっぱみんな体育会

系ですか？」「毎日キツそう」「自由が無さそう…」「長期休暇とか取れ
なさそう」「先輩、怖そう」など12の項目を「誤解」として示し、そう
ではないことを自衛官自身がアピールする映像である。これらの項目の
ひとつに「男ばっかり」（Vol.1、誤解⑥）が含まれている。それに対し、
複数の女性自衛官が手を振りながら「増えてます、女性自衛官」「増え
てます」と言いながら、手を振る場面が4シーン出てくる。スクリーン
の下には一様に大きな黄色い字で「急増中！　女性自衛官」と書かれたテ
ロップが入っている。また、「ママの人とか居なさそう」（Vol.2、誤解⑪）
に対しては、同じく黄色い大きな字で画面の真ん中に「託児所もありま
す！」とのテロップが入っている。

　自然災害の被災地で救援にあたる自衛官のなかに女性が含まれている
のを目にしたり、女性のパイロットや艦長誕生のニュースが報道された
りしてきたことから、女性自衛官が存在することを知っている人は多い
だろう。一方、社会には軍事組織の人員＝男性というイメージが根強く
あることから（まさに上記の誤解⑥の通りである）、女性自衛官は存在する
ものの、その数は極めて少ないと思う人も多いだろう。実情は割合こそ
少ないものの、広報動画のテロップ通り、「急増中！　女性自衛官」である。
数値であらわすと、女性自衛官は在籍自衛官の約6.5％（2018年3月末
現在）、女性の採用者は全採用者の13.8％（2017年度）を占めるにすぎ
ない（その数が最も多いのは陸上自衛隊である）。しかし、20年前（1998年）
に比べると、女性自衛官は倍増までにはいたらないものの、約2.6ポイ
ント増となっている[2]。なお、現在では性別の違いによる採用予定数の
区分は設けられていない。

　現在の防衛省・自衛隊は男女共同参画を最も率先して進めている省庁
のひとつである。後述するように、女性の活躍推進やワークライフバラ
ンス関連の詳細な計画などを積極的に策定し、女性の事務官や技官、教
官、自衛官の割合増加を図ってきた。防衛白書でも特集（『防衛白書　平
成29年版』の「輝き活躍する女性隊員」）が組まれるなど、その点が強くア
ピールされている。また、自衛隊・防衛関連の月刊誌である『MAMOR』
（扶桑社、防衛省編集協力）でも女性自衛官関連の特集がたびたび組まれ

第3章　なぜ、女性自衛官の活躍を推進するのか　　169

ている（例えば、近年では「強く、元気に、輝く！　教育隊50年目の女性自衛官たち」2018年10月号、「華麗なる自衛隊　女性パイロットの肖像」2016年5月号、「先駆者に聞け！　女性自衛隊員　初めて物語」2013年8月号など）。そのほか、女性の陸上自衛官を主人公にした花津ハナヨ著『たたかえ！WACちゃん』（芳文社、2010年。ただし、第一巻以後は続編が出ていない）、女性自衛官の仕事ぶりや生活のインタビュー集であるちーぱか著『日本を守る！女性自衛官すっぴん物語』（扶桑社、2017年。2014年末から『MAMOR』で連載されたものの単行本化）といった漫画や、元女性幹部自衛官の手記としての竹本三保著『任務完了──海上自衛官から学校長へ』（並木書房、2012年）、時武ぼたん著『就職先は海上自衛隊──女性「士官候補生」誕生』（潮書房光人新社、2019年）なども出版されている。手記を除き、これらの出版物は基本的に女性自衛官を＜活躍する輝く存在＞として華やかに描き、持ち上げる形式がとられている。

　自衛官全体の充足率は91.8％（2018年3月31日現在）であるが、職階の一番下にある士については73.7％（同上）であり、他に比べるとかなり低い[3]。士の充足率を上昇させるためには応募者の増加が必要となるが、少子化により若年層のさらなる減少が予測される。それだけでなく、海外での武力行使などを可能とした安保法制の下で加わった自衛官の新任務に対する懸念などにより、その増加には困難がともなうことが予想される。そうした事態の下、人材確保の重要なツールとして、今後も女性自衛官の増加策が進められていくであろう。以下では、女性自衛官の職域の拡大の歩み、安倍政権による女性の活躍推進政策と女性自衛官の採用・登用の増加策の関係およびその問題点をみていきたい。

2　女性自衛官の歩み

1│限定採用から配置制限付きの採用へ

　自衛隊が創設された1954年当時、女性に開かれていた職域は看護のみであったため、その割合はわずか0.1％であった[4]。それから13年後の1967年に陸上自衛隊が、1974年には海上・航空自衛隊が一般職域

で女性を採用するようになった。しかし、直接的に戦闘にかかわる職域（戦闘部隊へ直接的に支援を行う職域を含む）および女性の身体に負担が大きい職域には配置しないという限定付きのものであった[5]。陸上自衛隊での門戸開放を受け、1968年に婦人自衛官教育隊（現在の女性自衛官教育隊）が朝霞駐屯地に創設された。1991年以降の日本では法令上の用語や固有名詞などの一部を除き、「婦人」ではなく「女性」という表現が公的に用いられることになった。婦人は基本的に既婚女性を意味することが多く、女性全般を表現するときには適切な言葉ではないなどの理由からである。しかし、自衛隊では10年以上先の2002年まで従来通りの婦人自衛官がそのまま使われていた。表現の変更の大幅な遅延は、当時の防衛省・自衛隊内のジェンダー意識の低さを示すものであろう。

なお、自衛隊内では米軍での呼称を模倣して、女性自衛官のことを陸上自衛隊では WAC（Women's Army Corps）、海上自衛隊では WAVE（Women Accepted for Volunteer Emergency Service）、航空自衛隊では WAF（Women in the Air Force）と呼んでいる。自衛隊の英語表記（= Japan Self–Defense Forces）にしても同じことがいえるが、憲法9条2項で戦力の不保持を規定している国において、呼称であったとしても Army や Force という明白に軍事組織を指す単語の頭文字が使われることに強い違和感を覚えずにはいられない。

2 │ 職域開放策のはじまり

自衛隊では時間の経過とともに各領域で女性の登用が広がっていくが、そのターニングポイントとなったのが1993年である。原則としてすべての職域を女性に開く大きな節目の年となったからである[6]。ただし、陸上自衛隊の普通科中隊、戦車中隊、偵察隊、特殊武器防護隊、海上自衛隊の哨戒機、護衛艦、航空自衛隊の戦闘機、偵察機などの一部の職域への配置は母性やプライバシーの保護の観点から除かれた[7]。これにともない、例えば、海上自衛隊ではそれまで女性自衛官に認められていなかった練習艦への配置がなされるようになったり、海上・航空自衛隊で航空学生として女性が採用されたりする（1997年に女性自衛官初のパイロットが誕生）など、女性の参画がさらに進むようになった。なお、

第3章　なぜ、女性自衛官の活躍を推進するのか　171

時間は前後するが、日本唯一の士官学校である防衛大学校で女性の入校が認められたのは1992年である（防衛医科大学校への女性の入校は1985年から）。それを受け、その第一期卒業生が1996年に幹部候補生学校に入校している。もっともその前に女性幹部が存在していなかったわけではない。1970年代半ば以降に女性自衛官の一般幹部生が誕生している。そのひとりが、先に手記を紹介した海上自衛隊出身の竹本三保氏（女性初の地方協力本部長）である。

　日本では、女性差別撤廃条約の批准に向けた国内法の整備として1985年に男女雇用機会均等法が制定された。その結果、事業所には募集や採用、配置や昇進に関して性別にかかわりなく均等に機会を保障すること、および均等に取扱いをすることの「努力義務」が課せられた。また、同法の制定にあわせて労働基準法も改正され、母性保護の場合を除き、それまでの危険有害業務への配置規制の大幅解除などがなされた。

　男女雇用機会均等法の制定や労働基準法の改正から8年後に女性自衛官の職域の原則開放がなされたことを考えると、女性の登用に関する当時の防衛省・自衛隊の動きは、現在の積極的登用方針とは大きく異なり、歩みがかなり遅いものであったといえるだろう。なお、男女雇用機会均等法の努力義務規定は、女性団体や労働組合などから強行規定化が強く要請されたことなどもあり、1997年の改正により禁止規定に変わった。

　以上でみてきたように、自衛隊では時代に応じて段階的に女性の採用枠や配置枠などが拡大し、それにともない従事する訓練も大きく変わってきた。2000年代に入ると、女性自衛官が国連平和維持活動（最初の派遣先は東ティモール）やイラクでの＜復興支援＞などの海外業務にも派遣されるようになった。業務は拡大しようとも、圧倒的に男性が多く、男性優位の縦社会の自衛隊のなかで、女性自衛官はセクハラやパワハラの被害を被ってきた。例えば、先述の竹本三保氏は女性自衛官の悩みとして、男性上司から（育児をする親の責任として）辞めるように言われ続けたり、別の上司から自分の目があるうちは子どもを産ませないといったことを言われたりするなどのセクハラやパワハラにあってきたことを手

172　第3部　自衛隊員・自衛官の現実

記のなかで書いている[8]。また、「若い時代のカラオケやダンスの強要、そしてお酌の強要については、女性隊員は大なり小なり悩まされてきたと思います」[9]と指摘している[10]。

　ジェンダー意識の低い日本社会では、自衛隊に限らず多くの職場で同様の被害が生じてきた（とりわけ自衛隊のように男性優位の支配構造が根強く残っている職場ではその被害が顕著である）。軍事組織である自衛隊においては任務上、勇敢に国防に励むことが求められるため、必然的に＜力強い男らしさ＞が縦社会を形成する際の価値観——男性支配イデオロギー——として重視される[11]。それは女性自衛官の数が増加することによって変わるものではない。こうした構造がセクハラやパワハラを引き起こす元凶となっている。

3　女性の活躍推進政策としての女性自衛官の積極的採用と登用

1│女性自衛官の採用と登用の加速化の流れ

　2015年以降、防衛省・自衛隊は女性の採用や登用の増加、および職務の継続を促すための両立支援策を精力的に導入するようになった。同年1月28日に防衛省女性職員活躍・ワークライフバランス推進本部により「防衛省における女性職員活躍とワークライフバランス推進のための取組計画」が策定され（2016年に1回、2018年に2回改正）、「働き方改革」「育児・介護等と両立して活躍できるための改革」「女性職員の活躍推進のための改革」を3つの柱とする具体的な施策が推し進められてきた。

　同計画には目標策定時や現状（2018年12月21日の改正時）の数値とともに数値目標が設定されており[12]、女性自衛官に関しては採用と登用についての数値が示されている。2017年度以降は全自衛官の採用者のうち女性を10%以上にするとされているが、そもそも2017年度（現状）には13.8%になっていることから、近い将来目標値の再設定がなされる可能性がある。登用については、2020年度末までの目標として、佐官以上の幹部自衛官の女性の割合を現状の3.1%超が設定されている

第3章　なぜ、女性自衛官の活躍を推進するのか　173

が、2017年度末（現状）には3.6％に達している。こちらについても、目標値の再設定がなされる可能性があろう。

　働き方改革の方策としては例えば、超過勤務の縮減、勤務時間や場所の柔軟化（テレワークやフレックスタイム制の導入など）、年次休暇の取得日数の増加などがあげられている。育児・介護等と両立して活躍できるための改革としては、たとえば、男性による家庭生活への参画の奨励、育児休業などの取得の推進に加え、元自衛官の採用による育児休業等代替要員制度の導入、育児休業後の職場復帰支援（相談体制、ロールモデルの提示など）および庁内託児施設の設置などがあげられている。女性職員の活躍推進のための改革については、例えば、採用や登用における数値目標の設置、女性の中途採用や中途退職者の再採用の促進、キャリアパスモデルの提示などがあげられている。そのすべてを紹介することはできないが、実に事細やかに、多岐にわたる支援策などが描かれている。

　また、同取組計画の策定により、女性自衛官の配置がさらに拡大されることになった。具体的には2015年11月に航空自衛隊で戦闘機や偵察機の女性パイロットが誕生したほか、2016年3月には陸上自衛隊で対戦車ヘリコプター隊飛行班・特殊武器防護隊の一部の配置制限の解除、海上自衛隊のミサイル艇や掃海艇、特別警備隊の配置制限の解除がなされた[13]。さらには、2017年に防衛省が「自衛隊は、女性自衛官をこれまで以上に必要としている」[14]というアピール性が強い文章からはじまる「女性自衛官活躍推進イニシアティブ――時代と環境に適応した魅力ある自衛隊を目指して」を別途策定したことで、女性の配置制限が実質的に解除され、翌2018年12月には全面解除（ただし、母性保護の観点から陸上自衛隊の特殊武器〔化学〕防護隊の一部と坑道中隊、および海上自衛隊の潜水艦への配置は制限されている）となり、現在にいたっている[15]。

2｜女性自衛官の＜活躍推進＞が謳われる背景

　歴史的には女性の採用や登用に積極的ではなかった防衛省・自衛隊が2015年以降に急速な勢いで女性自衛官の配置を解除しながら、女性自衛官の増加や登用および両立支援策を進めるようになったのはなぜなのか。配置制限の解除を含む女性自衛官の採用や登用について、防衛省は

「急速に進行する少子高齢化と高学歴化という社会構造の根本的な変化が、自衛隊の人的な存立基盤に重大な影響を及ぼすことが予測される」[16]ため、「社会全体では様々な事情を抱えた多様な人材を柔軟に活用する流れが生まれており、自衛隊としても、こうした動向を積極的に取り込んでいかなければ、社会と国民に立脚する組織として精強性を維持することもおぼつかなくなる」[17]と説明している。

　また、両立支援については、「わが国を取り巻く安全保障情勢が一層厳しさを増し、防衛省・自衛隊の対応が求められる事態が増加するとともに長期化しつつある一方、その任務を担う防衛省の職員は、今後男女ともに、育児・介護などの事情のため時間に制約のある者が増加することが想定される」[18]ため、「各種事態に持続的に対応できる態勢を確保するためには、職員が心身ともに健全な状態で、高い士気を保って、その能力を十分に発揮しうるような環境を整えることが必要である」[19]と説明している。

　安全保障環境の変化により人材確保が求められるが、従来のように若年層の男性を主な対象にしていると少子化にともない、それがますます困難になるために女性自衛官の採用増加のみならず、その後の就労継続のためには両立支援のしくみをつくらざるを得ないという論理である。

　そもそも自衛隊は勤務が不規則になりがちであり、災害時などの緊急登庁も多々あることから、働きやすい職場・継続しやすい職場をつくらなければ、経験を積んだ人材の確保は難しい。また、転勤が多い自衛官同士の婚姻も多いため、育児や介護などをしながらの遠距離婚姻生活には困難がともない、人材確保のためにはワークライフバランスをもたらす両立支援のしくみが必須であることは理解できる。

　安倍政権は2013年以降、「すべての女性が輝く社会」をキャッチフレーズに＜女性の活躍推進政策＞を開始した。すべての女性とはいうものの、その主眼は①国際経済競争において低迷が続く日本経済の復興への貢献をとりわけ高学歴女性に求めるとともに、②少子化・人口減対策の出産奨励策として主にはこれらの女性の妊娠・出産および総じて女性が担わされている育児や介護などへの支援を強化することに置かれてき

た[20]。換言すれば、人材活用兼少子高齢化対策ということになろう。

　新政策を受け、2015 年 8 月には女性の活躍推進法（女性の職業生活における活躍の推進に関する法律）が 10 年の時限立法として制定され、翌 2016 年 4 月から施行された[21]。防衛省・自衛隊による女性自衛官の採用と登用は、これまでのとりくみの名称のなかで使われている「女性職員活躍」や「女性自衛官活躍推進」の表現およびその目的などが明示するように、同政権の女性の活躍推進政策と連動するものである。

　安倍政権は女性の活躍推進政策の導入と同じ時期に、安全保障環境の変化などを理由として掲げ、あらたな安全保障の理念として軍事力に依拠した積極的平和主義を打ち出すようになった。それに基づき、2014 年 7 月 1 日に集団的自衛権の限定行使を容認する閣議決定が行われた。その延長線上に 2015 年 9 月 19 日の強行採決により成立した一連の安全保障関連法がある。

　これら二つの施策に共通する目的は、国際社会で日本の存在感を示すことにある。すなわち、経済的かつ軍事的に強い国家をめざすという発想である。そうであるからこそ、軍事力を担う自衛隊を支える人材の継続的確保が強く求められ、その一環として女性自衛官の採用と登用の増加が積極的に謳われているのである。この点から考えると、軍事主義の拡大・維持のために＜女性の活躍＞が推進されるという皮肉な時代が到来したといえるだろう。

4　男らしさを再生産する女性自衛官の活躍推進

　本稿では、時代の経過とともに進められてきた女性自衛官の職域の拡大の流れや近年顕著に進んでいる女性自衛官の増加策を概観しながら、安倍政権の女性の活躍推進政策との連動性を描いてきた。両者に共通するねらいがみえなければ、女性自衛官の採用と登用の増加を単純に歓迎してしまう人も多いだろう。最後にこうした施策がジェンダー平等社会の構築に及ぼしかねない負の影響について述べておきたい。

　防衛省は、「両性の平等という憲法上の基本的な価値を体現し、国民

に一層信頼される魅力的な組織」[22] になるためにも、自衛隊は「女性自衛官が最大限に活躍できる組織」[23] にならなければならないと訴えている。軍事組織である自衛隊では、厳しい訓練や戦闘に耐えうるだけの＜男らしさ＞を示す強靭な精神が求められる。はたして、そのような組織で＜男性並み＞に活躍することが期待される女性を増加することが、個人の尊重（13条）や個人の尊厳（24条）を謳う憲法が求める両性の平等を促進することになるだろうか。

　男らしさというのは社会のジェンダー化の過程でつくられてきた社会規範である。それを問題化し、克服しようとすることによってのみ、ジェンダー平等やジェンダー正義の道が拓かれる。したがって、軍事主義の拡大・維持のために女性の採用や登用を推進しようとする発想はむしろ男らしさの再生産や拡大をもたらし、結果的にジェンダー平等社会の構築の阻害要因になりかねないのである。それは同時に男性支配イデオロギーと密接に結びついた社会の軍事化を促進することにもつながるであろう。

[注]

1　防衛省・自衛隊作成の「自衛隊のソレ、誤解ですから！」（Vol.1とVol.2）は、防衛省の「自衛官募集」サイトの動画ギャラリーから視聴できる。https://www.mod.go.jp/gsdf/jieikanbosyu/movie/index.html（2019年7月26日最終アクセス）。また、同動画はYouTube「自衛官募集チャンネル」からも視聴できる。https://www.youtube.com/channel/UCwvH00eFWmfs-FGkRCorzdA（2019年7月26日最終アクセス）

2　防衛省『防衛白書　平成30年版──日本の防衛』2018年、403頁、および防衛省女性職員活躍・ワークライフバランス推進本部「防衛省における女性職員活躍とワークライフバランス推進のための取組計画」（2015年1月28日決定、最終改正2018年12月21日）別紙。https://www.mod.go.jp/j/profile/worklife/keikaku/pdf/torikumi_keikaku_h3012-21.pdf（2019年7月26日最終アクセス）

3　防衛省『防衛白書　平成30年版──日本の防衛』2018年、514頁

4　「性別を超えた"適材適所"が組織を精強に　防衛省が女性活用に取り組むワケ」『MAMOR』2018年10月号、22頁

5　「職域はもはやジェンダーフリー！　すべての任務に女性自衛官を！」同上、20頁

6　「重要な戦力である女性自衛隊員　その能力を活用する体制とライフモデル紹介」『MAMOR』2013年8月号、22頁

7　「職域はもはやジェンダーフリー！　すべての任務に女性自衛官を！」『MAMOR』2018年10月号、21頁

8　竹本三保『任務完了──海上自衛官から学校長へ』（並木書房、2012年）94-95頁

9　同上、98頁

10 自衛隊内で起きた近年のセクハラ事件のひとつとして、航空自衛隊所属の女性自衛官が上司に同僚の男性から受けたわいせつ被害について相談したところ、逆に退職を強要されたため、国家賠償請求訴訟を提起した事案がある。原告の訴えがほぼ全面的に認められ、国に対して賠償が命じられた（札幌地判 2010 年 7 月 9 日。同年 8 月 12 日、国側が控訴を断念し確定）。

11 清末愛砂「ジェンダーに基づく暴力の視点から考える安全保障法制——自衛隊の性質の変遷に着目しながら」『ジェンダー法研究』4 号、2017 年、87 頁

12 防衛省女性職員活躍・ワークライフバランス推進本部「防衛省における女性職員活躍とワークライフバランス推進のための取組計画」別紙

13 防衛省「女性自衛官活躍推進イニシアティブ——時代と環境に適応した魅力ある自衛隊を目指して」2017 年 4 月 17 日策定、3-4 頁。https://www.mod.go.jp/j/profile/worklife/keikaku/pdf/initiative.pdf（2019 年 7 月 26 日最終アクセス）

14 同上、1 頁

15 防衛省女性職員活躍・ワークライフバランス推進本部「防衛省における女性職員活躍とワークライフバランス推進のための取組計画」13 頁、および防衛省『平成 30 年版　防衛白書——日本の防衛』2018 年、402 頁

16 防衛省「女性自衛官活躍推進イニシアティブ——時代と環境に適応した魅力ある自衛隊を目指して」1 頁

17 同上

18 防衛省『防衛白書　平成 30 年版——日本の防衛』2018 年、400 頁

19 同上

20 清末愛砂「女性学・ジェンダー研究は変容を求められるのか——女性の活躍推進法時代を迎えて」『女性学』24 号、2017 年、32-33 頁

21 防衛省は女性の活躍推進法に基づき、防衛大臣および防衛装備庁長官の名で同法施行日付けの「女性の職業生活における活躍の推進に関する法律に基づく防衛省特定事業主行動計画」（平成 28 年度～平成 32 年度）を公表した。ここでも、2015 年策定の防衛省における女性職員活躍とワークライフバランス推進のための取組計画に基づく施策の推進が確認されている。https://www.mod.go.jp/j/profile/worklife/keikaku/pdf/koudou_keikaku_h300619.pdf（2019 年 7 月 26 日最終アクセス）1 頁

22 防衛省「女性自衛官活躍推進イニシアティブ——時代と環境に適応した魅力ある自衛隊を目指して」2 頁

23 同上

自衛隊情報保全隊の監視差し止めをめぐる訴訟の判決で、仙台地裁に入る原告団（2012年3月26日、写真提供：共同通信）

第4章 自衛隊の市民監視をめぐる裁判

中谷 雄二
なかたに ゆうじ

1955年、京都府生まれ。名古屋共同法律事務所。PKOカンボジア自衛隊派遣違憲確認訴訟、イラク自衛隊派遣差止訴訟などで弁護。秘密保護法対策弁護団共同代表。

1 自衛隊市民監視訴訟

（1）2007年6月、自衛隊情報保全隊が全国各地でイラク戦争とイラクへの自衛隊派遣に反対する市民運動を「反自衛隊活動」として組織的に監視し、政治的系統に分類して、集約した情報を報告書の形にまとめ

ていた。そして、その情報を自衛隊組織全体で共有していたことが、日本共産党の発表により明らかになった。報告書に記載されていた集会や活動に参加した東北地方の107名が原告となって、仙台地方裁判所に監視差止と国家賠償を求める訴訟を提起した。これが自衛隊市民監視訴訟である。全国でイラクへの自衛隊派遣違憲訴訟を闘ったイラク自衛隊派遣全国弁護団が取り組んだことから、弁護団は仙台弁護士会所属の弁護士を中心に全国164名にのぼった。

(2) 一審の仙台地裁では被告国が原告の主張に対して、情報保全隊の活動は違法と評価される余地がないから、原告の主張や証拠を認否する必要はない。また認否することが公務の秘密を害し、将来の情報収集活動に支障をきたすことになるので認否できないとし、報告書を国が作成したかどうかや自衛隊情報保全隊が市民を監視していたかどうかについて、一切認否することなく、原告の訴えは許されないという主張をした。

仙台地裁は、2012年3月26日、差止請求については、対象が不特定であるとして却下したものの、報告書を国が作成した文書と認めた。自衛隊が国民を監視していた事実を認定した。107名の原告のうち内部文書に実名が記載されていた5名に対して、違法な人格権侵害があったとして内1名に10万円、他4人には各自5万円の慰謝料の支払いを命じる判決を下した。

(3) 一審判決に不服であるとして、原告94名と被告双方が控訴した。仙台高等裁判所は、2016年2月2日、1名の原告に対して違法なプライバシー権侵害があったと認定して原審どおりの額の慰謝料の支払いを命じ、国は上告を断念し勝訴判決が確定した。しかし、敗訴した内の75名の原告が、最高裁に上告した。最高裁は、2016年10月26日、上告を棄却した。

2 イラク戦争反対運動と自衛隊のイラク派兵反対運動の監視

2003年3月20日、アメリカ・イギリス軍は、イラクが大量破壊兵器を保有している疑惑があるとして、イラクに軍事攻撃を開始し、イラ

ク戦争が始まった。この戦争は、国際法の禁止している武力行使であり、米英軍の軍事力行使は、国際法上違法な侵略行為だとの批判が、全世界に広がった。イラク戦争に反対する運動は、イタリア、スペイン、イギリス、フランス、ドイツなど各国で数百万人規模の市民が街頭に出て、ベトナム戦争以来という世界的な反戦運動が起きた。わが国でも、規模こそ異なるが全国各地でイラク戦争反対の市民集会、デモが繰り返された。

日本政府は、開戦後直ちに米英への支持を表明し、同年8月1日、「イラクにおける人道復興支援活動及び安全確保支援活動の実施に関する特別措置法」（イラク特措法）を成立させた。このイラク特措法に基づき、2003年12月航空自衛隊の先遣隊派遣に続き、本隊を派遣。翌2004年6月、自衛隊を多国籍軍に参加させることを閣議決定し、イラク南部のサマワに「人道復興支援」を名目として派遣した。

この自衛隊のイラク派遣に反対して、集会・デモ等の市民運動とともに、反対運動の一環として、派兵差止を求める訴訟が、札幌、名古屋、仙台、栃木、東京、山梨、静岡、京都、大阪、岡山、熊本の11地裁に提起された。全国の原告総数は5,800名に上り、大規模な訴訟となった。

公表された自衛隊情報保全隊の内部文書（陸自東北方面情報保全隊が作成した「情報資料について（通知）」）には、2003年11月から2004年2月までの自衛隊のイラク派遣に反対する市民集会やデモ行進の参加者数、開始時刻や終了時刻、地方議会の動向、マスコミによる取材活動まで記載されていた。イラク派兵への反対運動だけでなく、医療費負担増に反対する街宣・署名活動、春闘の街宣、年金制度改悪反対街宣、消費税増税反対の街宣に至るまで報告され記載されていた。イラクへの自衛隊派遣反対の運動が全国的に盛り上がる中で、それにとどまらない市民のあらゆる運動が監視の対象とされ、参加した市民の情報が収集されていたことが明らかになった。

3 自衛隊情報保全隊はなぜ市民を監視していたのか

自衛隊情報保全隊は、2009年8月、それまで存在した陸・海・空の

各情報保全隊を防衛大臣直轄の部隊として統合再編された部隊で、自衛隊内の情報の漏泄等を防止するための防諜部隊である。自衛隊内の情報が漏れるのを防ぐ部隊が、何故、一般市民を監視していたのだろうか。

　市民監視訴訟における一審で敗訴した後の被告国の控訴理由書では、露骨に監視の目的を次のように語っている。「自衛隊に対する外部からの働きかけ等から部隊を保全するために必要な資料及び情報の収集整理等」を行うための正当な活動だとし、外部からの働きかけとは、以下の4つをいうと整理する。

　①自衛隊に対する秘密を探知しようとする行動（秘密探知行動）

　②基地施設等に対する襲撃（施設襲撃）

　③自衛隊の業務に対する妨害（業務妨害）

　④隊員に対して暴力を是認する過激な政治活動への参加を唆したり、自衛隊法によって定められている規律に反することを唆したりするなどの隊員を不法な目的に利用するための行動（隊員利用行動）

　そして、部隊を保全するとは、ア.秘密の保全、イ.規律の保全、ウ.施設の保全、エ.隊員の保全を言い、情報の収集整理等の目的の正当性・必要性が認められるのは、その範囲に限定されていると主張したのである。

　ところが、国はこれを具体化するとして、暴論を展開する。自衛隊の活動に対するデモ行進等の中には、基地施設等を包囲する形で行われる『人間の鎖』と称する活動があるが、このような「施設包囲型デモ」は、業務妨害に発展するおそれが認められるだけでなく、隊員利用行動が行われる例もあるから、この情報を収集する必要がある。

　この場合に収集する情報は、「事前の情報」「実際の行動の情報」「活動の内容に関する情報」「これを主催し、あるいは参加する関係者及び関係団体の情報」、さらには「関係団体そのものの情報」「関係団体の自衛隊の業務の遂行に支障を及ぼすおそれのある情報のほか、当該関係団体が行う自衛隊の業務とは関係のない他の活動や当該関係団体に所属する個人に関する情報（公開されているもの）」まで含まれると主張するのである。一旦、「人間の鎖」に参加すれば、業務の妨害や隊員利用行動などの実際の支障が生じていなくても、その恐れがあるとして、主催者

第4章　自衛隊の市民監視をめぐる裁判　183

や参加者でなくとも、関係団体とみなされれば、その団体に所属する個人の自衛隊に関係のない情報まで収集できるとされてしまうのである。

4 自衛隊情報保全隊市民監視裁判で明らかになったこと

　特筆すべきは、国が一部敗訴した後の控訴審で行われた内部文書作成当時の情報保全隊長の尋問である。守秘義務を盾にとって、具体的な質問には答えないと前置きをして尋問が始まった。

　たとえば、情報保全隊がイラク派兵に反対する集会に参加した市民を監視したかという尋問であれば、守秘義務に反するので答えないという。情報保全隊の活動について一般論しか答えない。裁判長が質問を要約して初めて答えるという中で出てきた答えが、情報保全隊の監視対象となりうるのは、労働組合の春闘の街宣、イラクの被害実態を表す写真展、公開の集会、デモ行進は監視対象になりうるなど、およそ一般市民の日常的な活動を監視対象にしていることが公開の法廷で明らかにされた。

　情報保全隊長の証言と内部文書を照らし合わせて見れば、自衛隊情報保全隊が、基地の襲撃や自衛隊の活動に対する業務妨害などおよそ一般市民が行うと想定しがたい理由で、一般市民の活動を日常的に監視の対象にし、収集した情報を保管し、整理した上で、自衛隊全体に共有していたことが明らかになったのである。高裁で勝訴した原告の1名は、シンガーソングライターとして芸名しか公表していなかったのに、実名を明らかにされ、職業、勤務先まで追跡調査された。

5 市民監視の真の狙い

　自衛隊情報保全隊市民監視訴訟の意義は、秘密のベールに覆われていた自衛隊情報保全隊を司法の場に引き出し、その活動の一端を明らかにしたことにある。裁判所も、地裁・高裁ともに、自衛隊が市民を監視している事実を明確に認定した。地裁では自衛隊の監視行為が原告の人格権を侵害していること、高裁ではプライバシー権を侵害していることを

認定し、国家賠償を勝ち取った。これらは、今後の政府機関による私人の監視、情報収集に伴うプライバシー侵害に対する闘いの貴重な先例となる。

　情報保全隊による市民監視が、2016年に仙台高裁により認められたが、これに先だって2013年12月4日には、政府は国家安全保障会議設置法を改正した。これにより、国の外交及び安全保障の重要方針を国家安全保障会議の4大臣会合（総理大臣、官房長官、外務大臣、防衛大臣）で決定する体制（司令塔）が作られ、同月6日、多くの市民の反対を押し切って秘密保護法を強行成立させた。

　秘密保護法制は、戦後、戦前の体制を支える軍機保護法・国防保安法を廃止してから戦争放棄を定めた日本国憲法の下では、定めることができないものとして存在してこなかったものを新設したものである。秘密保護法付則第7条には、秘密保護法で内閣情報官の事務権限に「『特定秘密の保護に関するもの（内閣広報官の所掌に属するものを除く）及び』を加える」と明記した。この規定について、内閣法制局の担当者は法案審査の際、「何をやるのか」「そういうものを情報官がやっていいのか」と書き込んだ[1]。

　内閣情報官は、内閣に集まる情報の収集分析の責任者である。この内閣情報官に「我が国の安全保障に関する外交政策及び防衛政策の基本方針の重要事項のうち、特定秘密保護法に関する企画、立案、総合調整までを行う」権限まで与えることになったのである。情報の入りと出の双方を一人の内閣情報官（内閣情報調査室の責任者）に与えることの危険性を内閣法制局の担当者も危惧したものである。

　これに続いて、2014年7月1日には、戦後政府が一貫して憲法9条に違反するとしてきた集団的自衛権容認の閣議決定を行い、翌2015年9月19日には、平和安全法制（戦争法）を多くの国民の反対を押し切り、強行成立させてしまった。自国が攻められた場合にのみ、自衛権が行使でき、その必要最小限の実力としてようやく合憲と解釈してきた自衛隊。それが「限定的」とは言え、他国のために軍事力を行使できる道を開いたという意味で、実質的な憲法破壊である。

第4章　自衛隊の市民監視をめぐる裁判　185

2017年6月15日、これも多くの反対の声を押し切り共謀罪を成立させてしまった。これは何を意味するのであろうか。これらの動きに反対する中で、日本を戦争する国にするため、国家安全保障会議設置法により司令塔を作り、秘密保護法で軍事機密・外交機密の漏洩を防止する体制をつくる。そして、いよいよ、本丸である憲法9条を実質的に改憲するために平和安全法制（戦争法）をつくったのである。

戦争へ乗り出す時、最も政府が警戒するのは、市民の反対運動である。その反対運動を監視、弾圧するために共謀罪が制定されるのだと、これらの法律の制定に反対する者は指摘してきた。

実際、このような危惧を裏打ちするかのように、様々な事実が明るみにでてきた。

2014年7月24日付け朝日新聞（名古屋本社版）は一面トップ記事で、岐阜県大垣市と関ヶ原町にまたがる山の上に建設が予定されていた風力発電施設の建設計画をめぐって、環境破壊を懸念した地元住民の個人情報を事業者である中部電力の子会社に提供し、情報交換を行っていたことを報じた（大垣市民監視事件）。

風力発電施設による環境への影響を懸念し、学習会を開催しただけの理由で、大垣警察署は、関係住民の人間関係や勤務先、どのような経歴の人物かまでの情報を一民間事業者に提供したのである。事業者と警察の話し合いは議事録に残され、情報を提供された住民は証拠保全手続きによって議事録を入手したが、そこには「地域の平穏を乱す」ものとして住民運動を敵視する警察の発言が残されていた。大企業の事業者による事業に反対する環境運動も敵視され、関係した住民が詳細にプライバシー情報を収集され、それが反対運動潰しに使われることを示した例である[2]。

自衛隊情報保全隊による市民監視事件は、国家権力による市民監視が明らかになった事例の一つである。明らかになった文書が東北方面隊作成のものであったことから、東北地方の情報が詳細であったが、そこには北海道から沖縄までの全国各地の運動の状況が書かれていた。

共謀罪が国会で審議されていた2016年10月、名古屋市瑞穂区で、

186　第3部　自衛隊員・自衛官の現実

マンションの建設に反対する住民運動のリーダーの男性が、建設現場の現場監督の男性の胸を両手で突き飛ばし、通りかかったダンプカーに背中を接触させたなどとして、警察にその場で逮捕された。そして、暴行罪として逮捕勾留され、起訴されたという事件が起きた。被告人とされたリーダーは否認し、2018年2月、名古屋地方裁判所は「犯罪の事実を裏付ける証拠がない」などとして無罪判決を言い渡した。

　この事件で明らかになったのは、逮捕に至るまで業者と警察が十数回にわたり、連絡を取り合っていた。無罪の決め手になったのは、鑑定人による防犯カメラの映像解析である。鑑定人は、法廷で被告人は前に力を加えていないと言い、被害者の現場監督の動きを不自然だと証言した。その現場監督の証言により、被告人は逮捕勾留され、起訴から無罪判決まで1年半に及ぶ裁判闘争を強いられたのである。

　これらの出来事はいずれも、権力の狙いやその行動原理を読み解くためのほんの一例にすぎない。しかし、これらの事件が明らかにしているのは、戦争する国を作ろうとしている現在の政権は、単に自衛隊を作り替えるだけではない。戦争を支える社会をつくるために、普通の市民が政府に逆らい、反対することだけでなく、大企業の進める事業に反対することさえ、秩序を乱すものとして危険視し、監視し、権力行使をしてくることである。

　主権者としての国民は、将来の子孫に人権の保障された日本国憲法を渡す義務がある。そのために、憲法秩序を破壊する権力の乱用を見過ごしてはならない。

［注］
1　2014年12月28日付「しんぶん赤旗」。赤旗が情報開示請求によって入手した内閣法制局の審査後の内閣情報調査室の法案に、この手書きの文字が存在した。
2　もの言う自由を守る会のホームページ（https://monoiujiyu-ogaki.jimdo.com/）に議事録が掲載されている。

第4部 自衛隊の基礎知識

飯島滋明

1

自衛隊のあゆみ

▼「警察予備隊」

　1950年6月に朝鮮戦争がおこったが、それを契機に日本はアメリカから事実上、警察予備隊の創設が命じられた。その結果、75,000人の警察予備隊が設立された（同年8月）。「警察予備隊」は憲法9条で禁止された「戦力」に当たるのではないかと問題になったが、政府は「警察予備隊」に関して「目的は治安維持」であり、憲法9条で禁止された「戦力」には当たらないとしてきた（1950年7月29日衆議院本会議での吉田茂首相答弁）。

▼ 保安隊から自衛隊へ

　1951年9月、サンフランシスコ平和条約と旧日米安保条約が調印された。旧安保条約では「日本国が、直接及び間接の侵略に対する自国の防衛のため漸増的に自ら責任を負うことを期待する」（前文）と約束させられた。その結果、1952年に警察予備隊は保安隊（のちに陸上自衛隊）と警備隊（のちに海上自衛隊）に強化・改編された。その際、政府は憲法で禁止された戦力とは「近代戦争遂行に役立つ程度の装備、編成を具えるもの」であり、保安隊や警備隊は戦力ではないと説明した（1952年11月25日吉田内閣政府統一見解）。さらに1954年、アメリカと「日米相互防衛援助協定」（MSA協定）を締結し、日本政府は再び軍事増強

190　第4部　自衛隊の基礎知識

をアメリカに約束させられた。その結果、1954年に保安隊は自衛隊に増強され、陸上自衛隊、海上自衛隊に加え、航空自衛隊が新設された。

▼「専守防衛」から「海外派兵」へ

　自衛隊の装備だが、「北部方面隊直轄の特科隊には155ミリのカノン砲、りゅう弾砲や、さらに大きな203ミリ（8インチ）りゅう弾砲がずらりと銀色の砲口を並べている。こうした大きな大砲は昔の陸軍でさえも「攻城重砲」といって要塞攻撃に使うだけで野戦では使わなかった」（『朝日新聞』1954年7月26日付夕刊）という状況になると、自衛隊が「近代戦争遂行能力」をもたないとの説明は困難になる。そこで政府は憲法で禁止された戦力とは「自衛のための必要最小限度の実力を超えるもの」と説明を変えた（1954年12月21日衆議院予算委員会での林修三内閣法制局長官答弁）。以後、歴代政府は「自衛のための必要最小限度の実力」なので、自衛隊の海外派兵は憲法で認められないとしてきた。海外派兵型の兵器の保有も憲法上、禁止されるとしてきた。

　しかし1991年4月、海部内閣がペルシャ湾に掃海艇を派遣したことが「蟻の一穴」となり、さまざまな「自衛隊の海外派兵」がなされてきた。「兵器」に関しても「専守防衛」を逸脱し、自衛隊は海外派兵型の兵器を保有するようになる

日本版海兵隊と言われる「水陸機動団」が保有する
水陸両用強襲車AAV7（2019年4月、佐世保にて飯島撮影）

1　自衛隊のあゆみ　　191

2

自衛隊の待遇

▼ 自衛隊の給料

　まず、自衛官は「国家公務員」である。自衛官の給料は「一般公務員と比較して若干高めの設定」（自衛隊の謎研究会『図解でわかる　自衛隊のすべて』〔宝島社、2017年〕56頁）という評価が多い。自衛官の給料の基準額は「自衛官俸給表」で定められているが、たとえば「自衛隊帯広地方協力本部HP」で公開されている。

　このHPによれば、① 30代前半（30〜34歳）の全国平均年収は397万円、道内平均年収は386万円に対し、自衛官の平均年収は約440万円。② 40代前半（40〜44歳）の全国平均年収は461万円、道内平均年収は463万円に対し、自衛官の平均年収は約570万円。③ 50代以降（50歳）の全国平均年収は500万円、道内平均年収は490万円に対し、自衛官の平均年収は約770万円。

▼ 手当

　自衛官は昼夜を問わない「有事即応態勢」を建前としているため、「超過勤務手当」（いわゆる「残業代」）は支給されない。その代わり、自衛隊特有のさまざまな「手当」がついている。たとえば艦船の乗員には「乗組員手当がつき、潜水艦の場合には俸給月給の45.5％、護衛艦等の場合には33％の手当がつく。「陸上自衛隊第一空挺団」の隊員には「落下

192　第4部　自衛隊の基礎知識

傘隊員手当」がつき、俸給月給額初号俸の 33 〜 24％の報酬がつく。その他にも「国際平和協力手当」、不発弾処理の際に支給される「爆発物取り扱い等作業手当」などの手当が支給される。

福利厚生等

福利厚生などについて「自衛隊帯広地方協力本部 HP」では、「食事は無料支給です」「自衛隊には病院があります。……費用は、ほとんどかかりません」「共済組合が福利厚生事業者と契約しているので、ホテルや旅館に安く泊まることができます」と記されている。

外国軍隊との比較

自衛隊の謎検証委員会編『知られざる自衛隊の謎』（彩図社、2014 年）151 頁は、「実は自衛隊の給料は、世界の軍隊の中でもかなり高い」と指摘する。「世界最強の軍事力を誇る米軍では、最下級兵士の給料が、アメリカ国内における最低賃金の程度を若干上回るほど」、「韓国では、徴兵されて兵役についた者の月給はわずか約 8 万〜 10 万ウォン（約 7,500 〜 9,500 円）」、中国では「自衛官 1 人分の給料で、人民解放軍兵士を 20 人雇えるという状況」と指摘する。

自衛隊は恵まれている？

もっとも、自衛官の待遇にもいろいろ問題がある。最近では、自衛官がトイレットペーパーを自腹で買わざるを得ない状況に置かれていることが国会で問題となり、岩屋防衛大臣も「トイレットペーパーについては、隊員が自費購入していた場合もあると承知しております」と、安倍首相も「傾聴に値する」と答弁している（2018 年 11 月 1 日衆議院予算委員会）。こうした状況を見ると、安倍首相などの政治家は本当に現場の自衛官に敬意を払っていると言えるのだろうか？

2　自衛隊の待遇　　193

3 防衛計画の大綱

▼ 「防衛計画の大綱」の歴史的背景

　『防衛白書　平成30年版』218頁では、「防衛大綱はわが国をとりまく安全保障環境や世界の軍事情勢の変化を把握し、これらを踏まえつつ、わが国の防衛力のあり方と保有すべき防衛力の水準について規定するいわばわが国の平和と安全を確保するグランドデザイン」と紹介されている。歴代自民党政府は1958年の「第1次防衛力整備計画」から「第4次防衛力整備計画」（1972年～1976年）を策定し、武器調達をしてきた。ただ、第4次防衛力整備計画まで、国際情勢認識や兵器保有の理念を国民に提示せずに兵器取得がなされてきた。そこで「国防の基本方針」（1957年）を踏まえ、①国際情勢認識、②防衛理念、③兵器整備目標を示したものが、1976年10月29日に閣議決定された「防衛計画の大綱」（51大綱）である。

▼ 防衛計画の大綱等

　「大綱」やその具体的計画である「中期防衛力整備計画」を読み解く際には、政府の①「国際情勢認識」、②「獲得目標能力」、③「獲得目標兵器や組織改編」に着目する必要がある。ここではまず①②を中心に紹介し、最後に少々、③に言及する。
　「51大綱」ではソ連という強大な軍事国家の存在にもかかわらず、「ソ

194　第4部　自衛隊の基礎知識

連が脅威」とはされなかった。そして、日本への具体的脅威はないが、独立国として必要最小限度の基盤的な防衛力を保有するという「基盤的防衛力構想」が採用された。「07大綱」(「平成8年度以降に係る防衛計画の大綱」。1995年11月28日安全保障会議・閣議決定)でも、「中国を仮想敵視するのは良くない」との声が政府内から出され、具体的な「国」が「脅威」と名指しされることはなかった。「基盤的防衛力構想」も維持された。

　ところが「16大綱」(「平成17年度以降に係る防衛計画の大綱について」。2004年12月10日安全保障会議・閣議決定)では、当時の防衛庁長官として防衛計画の大綱の見直しに精力的に動いた石破茂氏の「基盤的防衛力構想をとにかくやめたい」との意向が反映され、北朝鮮が「重大な不安定要素」、中国も「動向には今後も注目していく必要がある」とのように名指しで対象とされた。こうして「基盤的防衛力構想」が放棄された。

　「22大綱」(「平成23年度以降に係る防衛計画の大綱について」。2010年12月17日安全保障会議・閣議決定)でも「北朝鮮」「中国」が脅威とされ、機動力や即応性を重視した「動的防衛力構想」が打ち出された。さらには「自衛隊の南西シフト」が打ち上げられた。「25大綱」(「平成26年度以降に係る防衛計画の大綱について」。2013年12月17日国家安全保障会議・閣議決定)でも引き続き「北朝鮮」「中国」が脅威として名指しされている。そして、陸海空自衛隊の統合運用による機動的・持続的な活動が可能となる「統合機動防衛力」の構築が目標とされた。

　「30大綱」(2018年12月18日国家安全保障会議・閣議決定)では、「統合機動防衛力」の方向性を深化させつつ、宇宙・サイバー・電磁波を含むすべての領域における能力を有機的に融合し、平時から有事までのあらゆる段階での活動を可能にする「多次元統合防衛力」の構築が打ち出された。

　③の獲得目標兵器や組織改編については、「16大綱」では「ミサイル防衛」(MD)導入、「25大綱」では「陸上総隊」や「日本版海兵隊」と称される「水陸機動団」の創設、「30大綱」等では事実上の空母となる「いずも」「かが」の改修と垂直離発着機「F35B」導入などの明記等が重大な変化である。

3　防衛計画の大綱　　195

4

自衛隊の戦力比較

▼ 各国の兵力・兵器数比較

　ここでは『防衛白書　平成 30 年版』49 頁を基に、各国の兵数などを紹介する。

　まず朝鮮民主主義人民共和国だが、陸上兵力 (師団・旅団数) は 110 万人 (54)、艦艇は 780 隻で 11.1 万トン、作戦機は 500 機である。

　つぎに極東ロシアの陸上兵力 (師団・旅団数) は 8 万人 (12)、艦艇は 260 隻で 64 万トン、作戦機は 400 機である。韓国は陸上兵力 (師団・旅団数) 49 万人 (54)、海兵隊 2.9 万人 (3)、艦艇は 240 隻で 21.5 万トン、作戦機は 640 機である。中国の陸上兵力 (師団・旅団数) は 98 万人 (207)、海兵隊 1.5 万人 (3)、艦艇は 750 隻で 178.8 万トン、作戦機は 2,850 機である。そして日本だが、陸上兵力 (師団・旅団数) は 14 万人 (15)、艦艇は 135 隻で 48.8 万トン、作戦機は 400 機である。

▼ 各国軍隊の実力は？

　以上の数字を見れば、日本の陸上兵力は 14 万人なのに対して朝鮮民主主義人民共和国は 110 万人、中国は 98 万人、作戦機では日本 400 機なのに対して朝鮮民主主義人民共和国は 500 機、中国は 2,850 機と、兵力や兵器数にかなりの差がある。これでは「日本は勝てない」と思われるかもしれない。

しかし、たとえば1982年のレバノン紛争の際、イスラエル軍の保有する、アメリカ製のF15とF16はレバノン上空でシリア軍の保有する、ソ連製のミグ23と21の部隊との間で3日にわたり、第2次世界大戦以来と言われる大規模な空中戦を行なった。結果は、シリア軍の損失は80機以上なのに対してイスラエル側の損失は「ゼロ」である。つまりはF15、F16の圧勝である。湾岸戦争でもイラク側はミグ23、25機20機以上、ミグ29を5機、F15に撃墜されているが、F15機は一機も撃墜されていない（鍛冶俊樹『戦争の常識』〔文春新書、2007年〕156〜161頁）。

　何が言いたいのかというと、戦争での勝ち負けは兵力数や兵器数ではなく、兵器の質が大きく影響する。実際、歴代日本政府の関係者は「北朝鮮」を脅威だとあおっているが、自衛隊関係者の中では朝鮮民主主義人民共和国が日本の敵ではないと思っている人が少なくない。

　また、航空自衛隊F15と中国空軍J–11（殱11）の戦闘シミュレーションでは「日本周辺空域での防空戦闘を行う限り、"質"に勝る空自は"量"に勝る中国に対して互角以上に戦えるだろう」との評価も少なくない（『自衛隊兵器の真実　日本vs中国　両国兵器の個別性能と有事の勝敗を予測！』〔三栄書房、2015年〕29頁）。

　しかし、「戦争」に関する予測は「当たらない」ことが多い。第1次世界大戦の際、ドイツもフランスも戦争は数カ月で終わるとお互いに考えていた。ところが戦争は4年間も続き、1,000万人以上の犠牲者を出す凄惨な戦争になった。第2次世界大戦のさなか、ドイツがソ連に侵略することで独ソ戦が始まったが、ソ連は数週間でドイツに降伏するだろうという予測が多かった。しかしソ連は多くの犠牲者を出しながらもドイツの攻撃に耐え抜き、最終的にはベルリンまで侵攻し、ドイツを敗北させた。戦争に関する事前の予測ほどあてにならないものはない。ただ一つだけ言えることがある。米中の全面戦争は必然的に核戦争に発展し、日・米・中は壊滅的な破壊に至る危険性が極めて高いということである。

5 内閣・防衛省・統合幕僚監部の関係

改正防衛省設置法で「文官統制」の廃止

2015年6月10日、「改正防衛省設置法」が成立した。改正法の目玉は軍隊と兵器産業が結合し、政治に大きな影響を及ぼす「軍産複合体」の形成の危険性が指摘される「防衛装備庁」の新設と同時に、「文官統制」の廃止である。

「文官統制」について紹介すると、1954年に防衛省と自衛隊が発足した際、旧軍隊が暴走した歴史を踏まえ、自衛官が政治に直接介入・影響を与える事態を防ぐため、内局の局長たちが大臣を直接補佐する「文官統制」制度が作られた。しかし2009年、文官統制のしくみである「防衛参事官」制度が廃止された。さらに2015年の法改正により、防衛官僚が主体の「内局」である「運用企画局」が廃止され、陸、海、空自衛隊の部隊運用を「制服組」で構成される「統合幕僚幹部」に一元化されることになった。

「制服組」が「背広組」と「対等」に防衛大臣を補佐

また、防衛大臣が統合幕僚長や陸海空幕僚長に「指示」「承認」「監督」する際、法改正前までは内局の官房長や局長が防衛大臣を補佐することになっていた。ところが法改正後は防衛大臣を補佐するのは「背広組」と言われる「防衛官僚」だけではなく、自衛官である「制服組」が「対等」

198 第4部 自衛隊の基礎知識

統合幕僚幹部資料

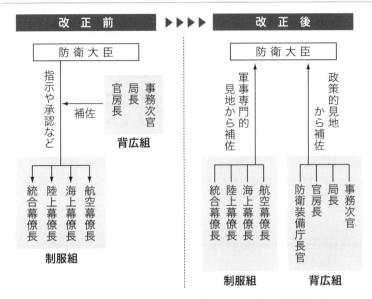

出所：『防衛白書』や「イチから分かる『文官統制』と『文民統制』何が違うの？」
THE PAGE 2015年3月18日配信をもとに作成。

に防衛大臣を補佐することとなった（上記の図を参照）。

　こうした法改正により、自衛官は内局を通さずに防衛大臣に直接の意見具申が可能になり、防衛大臣も直接指示を出せるようになった。こうした制度改正の結果、「部隊運用の迅速性が高められる」というのが自公政権の主張である。

　一方、「内局」を通さずに防衛大臣に直接意見具申などを行うことが可能になることから、「制服組」の影響力が増大し、「文民統制が弱体化される」との批判もある。実際、「統合幕僚監部」は「文民統制」の視点からもいろいろな問題を起こしてきた。南スーダンの日報の隠蔽を指示したり、防衛大臣への報告を遅らせたのは「統合幕僚監部」である。2018年4月、小西洋之参議院議員に対して「国民の敵」などと発言したのも「統合幕僚監部」の空自三佐である。「統合幕僚監部」への文民統制のあり方は今後も模索される必要がある。

6

防衛・自衛隊に対する
各政党の考え方

①自衛隊、②安保法制、③自衛隊明記の憲法改正について、各党の立場を紹介する。

▼ 自民党

①自衛隊は合憲。②国民の命と平和な暮らしを守り抜く。この決意の下、日本と世界の平和と安全を確かなものにするために「平和安全法制」を制定した」（自民党HP）とする。③9条2項を削除しないでの自衛隊明記の憲法改正には一部有力な反対（石破茂元幹事長など）があるが、9条をそのまま残した形で9条の2として自衛隊を憲法に明記する憲法改正を目指す方針。

▼ 公明党

①自衛隊は合憲。②「平和安全法制」は合憲であり、「戦争法」「徴兵制」などという批判は「デマ」である。③2019年7月段階では自衛隊明記の憲法改正には慎重な発言をしている。ただ、公明党は「秘密保護法」「安保法制」「共謀罪」などでも、最初は反対ないし慎重な発言をするが、国会審議などがはじまるとそうした態度が変わるので、憲法改正についても態度が変わる可能性がある。

200　第4部　自衛隊の基礎知識

日本維新の会

①自衛隊は合憲。②「平和安全法制の違憲の疑いありと指摘されている点について、自国防衛を徹底する形で、あいまいな「存立危機事態」を限定する（日本維新の会HPより）。③自衛隊明記の憲法改正には党として明言していないように思われるが、改憲には積極的である。

立憲民主党

①自衛隊は合憲。②安保法制は憲法違反。③自衛隊明記の憲法改正には反対である。

国民民主党

①自衛隊は合憲。②安保法制は憲法違反。③自衛隊明記の憲法改正には反対である。ただ、玉木党首が改憲論議には積極的に応じることを明言していること、参議院選挙後、玉木氏は「私ね、生まれ変わったの」などと発言していること、国民民主党の中には９条改正に賛成の議員も含まれている。

共産党

①自衛隊は憲法違反。②安保法制は憲法違反。③自衛隊明記の憲法改正には反対である。

社会民主党

①自衛隊は憲法違反。②安保法制は憲法違反。③自衛隊明記の憲法改正には反対である。

6　防衛・自衛隊に対する各政党の考え方　201

7

自衛隊のHPを
見てみよう

　防衛省・自衛隊の HP では、「防衛省・自衛隊の HP です。防衛省の政策、組織情報、採用情報、報道資料、広報・イベント、調達情報、所管法令、各種手続、予算等を掲載しています」と記載されている。「防衛省・自衛隊」の HP をみれば、防衛政策に関する政府の考え方などを知ることができる。さらには防衛省・自衛隊の組織、自衛隊が保有する戦闘機や艦船などの兵器の写真や性能の情報なども見ることができる。ここでは「政策」「広報・イベント」「所管法令」について紹介する。

▼「政策」

　政策の個所では「わが国の安全保障を確保する政策、憲法と自衛権の関係及び防衛政策の基本並びに日米安全保障条約の意義について説明します」と記されている。この個所を見ることで、防衛政策に関する政府の立場や考え方を知ることができる。

▼「組織情報」

　この個所では防衛省の組織の紹介がされている。そして「陸上自衛隊の部隊および機関」「海上自衛隊の部隊および機関」「航空自衛隊の部隊および機関」を見ると、陸上自衛隊、海上自衛隊、航空自衛隊の兵器の写真などが掲載されている。次ページのように「●●（●●は陸上、海上、

202　第4部　自衛隊の基礎知識

護衛艦いずも（出典：海上自衛隊 HP から）

航空）自衛隊 HP から」と明記すれば、HP で掲載されている写真などを掲載することもできる。

「広報・イベント」

　ここでは日本全国で行われる予定の訓練、防衛省が主催するセミナーなどの案内がされている。また、「日本の防衛に関する内外情勢、概観、活動等をまとめた年次報告資料」である『防衛白書』の閲覧・入手が可能となっている。
　また、自衛隊の駐屯地・基地でのイベントなどをみればいつ、どこで自衛隊の訓練などが公開されるのかがわかる。

所管法令

　ここでは防衛省に関連する法令についての資料と政府の立場などが紹介されている。たとえば安保法制（政府・防衛省の言葉では「平和安全法制」）や「公文書等の管理に関する法律関連」「小型無人機等飛行禁止法関係」（基地周辺のドローンを規制する法律）などの法文が掲載されている。

8 世論調査から見る自衛隊・防衛問題

　2018年1月11日から21日、全国18歳以上の日本国籍を有する者1,671人から回答を得た、「自衛隊・防衛問題についての世論調査」の結果が同年3月に内閣府政府広報室から発表された。この世論調査の概要は内閣府のHPで閲覧可能である（https://survey.gov-online.go.jp/h29/h29-bouei/gairyaku.pdf）。ここではその内容の一部を紹介する。

▼ 自衛隊・自衛官一般について

　自衛隊に対する関心では、「非常に関心がある」が14.9％、「ある程度関心がある」が52.9％、「あまり関心がない」が25.9％、「全く関心がない」が5.5％、「分からない」が0.8％であった。「非常に関心がある」「ある程度関心がある」と回答した人に対して、その理由を1つ、求めた設問に対しては「大規模災害など各種事態への対応などで国民生活に密接な関係をもつから」が41.7％、「日本の平和と安全を守る組織だから」が32.3％であった。「あまり関心がない」「全く関心がない」と回答した人に対してその理由を1つ挙げる設問では、「自分の生活に関係ないから」が39.1％、「自衛隊についてよく分からないから」が37.6％、「差し迫った軍事的脅威が存在しないから」が16.4％であった。

　「自衛隊に対して良い印象を持っていますか」との質問には、「良い印象を持っている」が89.8％、「悪い印象を持っている」が5.6％である。ちなみに2015年に実施された同じ質問では、「良い印象を持っている」

204　第4部　自衛隊の基礎知識

が92.2％、「悪い印象を持っている」が4.8％である。

「自衛隊に対してどのような役割を期待しますか」（複数回答可）との質問に対する回答では、「災害派遣（災害時の救援活動や急患の患者輸送など）」が79.2％、「国の安全の確保（周辺海空域における安全確保、島嶼部に対する攻撃への対応など）」が60.9％、「国内の治安維持」が49.8％、「弾道ミサイル攻撃への対応」が40.2％であった。

「もし身近な人が自衛隊員になりたいと言ったら、あなたは賛成しますか。反対しますか」との質問には、「賛成する」が62.4％、「反対する」が29.4％であった。「賛成」の理由としては、「日本の平和と独立を守るという誇りのある仕事だから」が61.3％で1位、「反対」の1位は「戦争などが起こった時は危険な仕事だから」で81.3％である。

日米安全保障条約と安保法制について

　内閣府によるこの調査では1つ、興味深いことがある。日米安保条約については「この日米安全保障条約は日本の平和と安全に役立っていると思いますか」とのように、安保条約そのものへの賛否を問う設問が存在する（回答は「役立っている」が77.5％、「役立っていない」が16.5％）。ところが「安保法制」に関しては、「平和安全法制（内閣府の質問では「平和安全法制」と表記）によって可能となった対応のうち、あなたが日本の安全保障に役立つと思うものはどれですか。この中からいくつでも挙げてください」との質問が突如出てきて、「安保法制への賛否」を問う質問がない。安保法制に対しては元最高裁判所裁判官や裁判官、元内閣法制局長官や全国の弁護士会、多くの憲法学者が「憲法違反」と批判し、安保法制の審議の際には数万人の市民が国会を連日、包囲したように、多くの市民は安保法制の成立に反対してきた。安保法制に対する国民の不支持を内閣府の調査で白日の下にさらす結果になることを避けるため、「安保法制の是非」を問う設問がないと考えるのは穿ちすぎではないだろう。しかも「いくつでも」挙げることができるにもかかわらず、一番高い「在外邦人の救出」でも42.4％しか支持がない。

8　世論調査から見る自衛隊・防衛問題　205

9 近所の自衛隊基地を 見てみよう

　自衛隊の基地では普通は年1回（2回、3回と実施するところもある）、駐屯地・基地を公開している。こうした駐屯地・基地に行くことで、「本」などでは得られない、自分だけの情報を得ることができる。私も年に何回も基地に行き、現場の自衛官などと話をして、訓練や装備を見てきた。そうした経験を踏まえ、自衛隊基地を見る「意義」を紹介する。

▼ 現場の自衛官との会話

　駐屯地・基地に行ったら、ぜひ「自衛官」と話してほしい。最初は「警戒」して差し障りのないことしか教えてくれないかもしれない。ただ、そうした会話の中でも「得るもの」があるし、慣れてくると「本音」で話してくれることもある。

　たとえば海上自衛隊の基地では、土日などは護衛艦を公開している場合がある。そこで自衛官と話すと航海の話などをしてくれる。私が印象に残っているのは「米軍と違い〔自衛隊は〕軍隊ではない」と何人かの海上自衛官が話していたことである。

　また、「海賊対処法」が制定された後、私は大湊、横須賀、呉、舞鶴、佐世保の海上自衛隊の基地を見学し、自衛官と話した。彼らが異口同音に言うのは「〔護衛艦派遣は〕いたちごっこ」という発言であった。安倍自公政権が集団的自衛権行使容認の閣議決定後、ある陸上自衛隊の駐屯地でレンジャー資格を持つ自衛官から話を聞いた。この時には「憲法学

206　第4部　自衛隊の基礎知識

者」であることを名乗っていたので最初は警戒していたが、最後の方になると「[集団的自衛権の行使容認は]大義名分がない」と憤っていた。基地ウオッチをしている人なら感じたことはあるかもしれないが、テレビなどで「安保法制」の必要性を力説する(元)幹部自衛官とは異なり、現場の自衛官は「安保法制」に反対であり、安保法制反対派に対して、さまざまな形で「エール」を送ってくれる。

　ある時、自衛官が「ここには仲間しかいないから」と発言したうえで、「△△大臣は現場のことを知ったほうが良い」と大声で私を含めた市民の前で発言したのを聞いたこともある。自衛隊の基地に行くことで、テレビや新聞では報じられない、現場の声を直接、聞くことができる。

▼ 駐屯地・自衛隊基地でわかること

　私はここでは「歴史認識」についても言及する。自衛隊の基地に行くと、先の戦争が「太平洋戦争」と紹介されていることもあるが、「大東亜戦争」と紹介されている場合がある。「大東亜戦争」という名称を利用することで、「自衛隊」では必ずしも「先の戦争」が否定されていないことがわかる。

　私が仰天したのは、自衛隊の訓練場所の売店で「教育勅語」の掛け軸が販売されていたことである。「国のために死ぬことは尊い」というマインドコントロールのために利用された「教育勅語」は、1948年6月、衆議院で「排除決議」、参議院で「失効決議」が出された。しかし、自衛隊では「教育勅語」が否定されていない現実がわかる。

▼ 自衛隊の訓練でわかること

①「日の丸」「君が代」の意義

　自衛隊の訓練を見れば、「日の丸」「君が代」が自衛隊にとってどのような「意義」をもつかが認識できる。自衛隊の訓練を見ると、「日の丸」が恭しく運び込まれ、中央の来賓席の前で止まると、来賓も含めた訓練

9　近所の自衛隊基地を見てみよう　　207

「日の丸」に敬礼する参加者
(2019年4月、相浦水陸機動団公開訓練にて、飯島撮影)

　参加者一同が起立し、「日の丸」に向って敬礼する。「日の丸」への一斉敬礼と同時に「君が代」が流れる。この光景を見れば、「日の丸」や「君が代」が軍事組織である自衛隊にとって、どのような意味をもつかがわかる。そして、保守的政治家が入学式や卒業式などの際、「日の丸」に子どもを敬礼させようとすること、「君が代」を歌わせようとすることがどのような意味をもつのか、とりわけ教師には実感できるだろう。

②「実戦」を意識した訓練

　最近の自衛隊の訓練を見れば、「実戦」を意識した訓練が多くなっていることがわかる。第2部第4章で紹介されているように、負傷者が出る訓練なども増えている。「30大綱」「31中期防」では「衛生」体制に関して「ダメージコントロール手術」「装甲救急車」導入、「戦傷医療対処能力」の向上など、「25大綱」にはない項目が挙げられている。負傷者への対応が強化されたこと、「実際の戦争」を意識した訓練に変容していることも実際の訓練を見ればわかる。

③増える「女性自衛官」

　『朝雲』2018年7月5日付1面では、「女性自衛官を9％以上に」との記事が掲載されている。「30大綱」「31中期防」でも、女性自衛官の増加が目指されている。安倍自公政権のもとで女性の自衛官の増加が推

負傷者を救助・搬送する衛生部隊。訓練展示では女性自衛官も投入された
(2019年4月、神町駐屯地〔山形〕にて、飯島撮影)

進されているが、実際に訓練を見ると、女性自衛官が増えていることを実感するだろう。訓練では、女性の幹部自衛官が部隊に号令をかけている場面にも出くわす。山形県の神町(第6師団)の公開訓練では、敵戦車の攻撃で負傷した自衛官の救援のために衛生小隊が投入される訓練が公開されているが、「救急救命士等の資格を持った女性自衛官が負傷者の搬送をします」とのアナウンスが流され、実際に女性自衛官が投入された。こうした訓練を見ることで、女性の戦地投入も想定されていることがわかる。

▼ 近所の基地に行ってみよう

自衛隊の駐屯地・基地だが、基地によって申請手続は異なるが、1カ月以上前に申請書を出し、許可が得られれば基地に入り、訓練などを見学できることがある。

また、「防衛省・自衛隊」のHPを見て、「広報・イベント」⇒「交流イベント・セミナー等」⇒「全国のイベント情報」を見ると、全国で開催されている基地公開イベントなどが紹介されている。「自分だけの自衛隊の情報」を得るため、自衛隊基地にもぜひ足を運んでほしい。

おわりに

　私ごとで大変恐縮ながら、まず私の生い立ちについて若干紹介させていただきたいと思う。それは私の生き方や戦争についての考え方と平和憲法を守る運動に深く関わることであり、本書の執筆と編者を承引した動機にも繋がっているからである。

　私は九州の長崎出身だが、「満州鉄道」の鉄道員だった父と貧農の長女だったため、満州に送られて旅館で働いていた母との間に生まれ、3歳の時に満州で終戦を迎えた。私が中国残留孤児となる一歩手前のところを亡き母が父の制止を振り切り、身体を張って長崎に連れ帰ってきたことを両親から何度も聞かされた。1945年8月9日に満州に侵入してきたソ連軍の質は大変低く、日本人に対して際限のない残虐行為を繰り返した。満州にいた日本人のほとんどが何としても子供だけは生かしたいとの思いから、自分の子供を中国人に預けた。私の父も例外でなく私を中国人に預けたが、母は泣きながら抵抗したという。父は「下手な感傷に浸っている場合でない」と言って母と私を引き離して日本へ帰る引き揚げ船に乗るため波止場に向かったそうだ。

　しかし、母が号泣しながら後ろを振り返った際、50メートル後ろにリュックサックを背負って母を追い続けてきた私の姿を発見した。それを見た母は割れんばかりの声をあげて私のところにやって来て私を抱きしめ、「お母さんが悪かった。本当にごめん。たとえ殺されることになってもお前を離すことは絶対にしない」と泣き叫んだと聞かされた。

　こうして私は原爆で被災した長崎に戻ることができたが、引揚げ者であった私たち家族の生活は大変貧しく、母は農家で使う縄や筵を綯うため朝から晩まで働き通し、私が高校生になったころは結核の病に冒され入院するに至った。母は23年前にくも膜下出血でこの世を去ったが、最後の病院で全身のあちこちがボロボロになっていることを医者から聞

かされた時は、さすがの私も涙が止まらなかった。このように身を粉にして働いていた私の母だったが、小学校に入った時から高校を卒業するまで耳にタコができるほど、「お前は苦難の末、奇跡的に長崎に戻って来られたのだから、戦争を憎み、貧困と差別をなくすため力を尽くす人間になれ」「どんなことがあっても平和を守るために最善の努力をせよ」と導き続けた。私は高齢となった今でも亡き母のこの言葉を昨日のことのように覚えている。

　私が残留孤児になることなく日本に戻り、弁護士として仕事ができているのは私を命懸けで満州から長崎に連れ帰り、戦前戦中戦後を必死に生き抜いてきた母のおかげであり、まぎれもなく亡き母は私の生き方の原点として私の存在と思想を支え続けてくれている。微力ながら私がこれまで人権と民主主義、そして平和を守るためのささやかな活動に携わってこれたのは母に叱られないような生き方をしようと心がけてきたからにほかならない。

　ところで、実際の戦後日本の政治状況はどうなっているか。塗炭の苦しみを近隣諸国の民衆や日本国民に与えた「戦争」への深い反省の上に制定された日本国憲法を空洞化する政治が進められてきたのではないか。とりわけ平和憲法9条の乱暴きわまる破壊は、第2次安倍政権のもとで桁違いに加速された。そして安倍氏は首相に返り咲いてから今までの6年間以上、一貫して「戦争できる国づくり」を進め、憲法「改正」の実現のために躍起になってきた。その典型が集団的自衛権の行使を容認した2014年の「7.1閣議決定」であったが、それを取り繕おうと詭弁を弄したのが安倍政権と自民党による「最高裁砂川判決」の強引かつ恣意的な歪曲であった。「砂川判決」が集団的自衛権については何も触れておらず判断していないのは当たり前の常識であるが、彼らはそこに根

おわりに　211

拠をおいて国民を欺き続けてきた。かかる牽強付会、黒を白と言いくるめる政治的手法が安倍政権の基本的特徴であって、知性も理性のかけらも見い出せない恐るべき事態となっている。

2019年7月21日の参議院選挙。マスコミは一斉に「安倍政権勝利、されど憲法発議に必要な3分の2に至らず」と報道した。そして安倍氏は「国民は安倍政権を深く信頼している結果が出た、憲法改正の論議を進めてほしいと審判した」と述べた。

これはまたしても安倍流の詭弁、まやかしの言葉にほかならない。

今回の選挙で自民党は議席数を10減らし、得票は240万票減じて前回の2000万を大きく割り込み、全有権者の16.7％という過去最低の得票率となった。まさに客観的にはレームダック（死に体）状態にある。にもかかわらず、安倍氏は豪語してきた「オリンピックが開かれる2020年に新憲法を制定する」ために野党の切り崩しなどを画策している。

私はこれまであらゆる機会に「戦後レジームからの脱却」を標榜してやまない安倍政権による「改憲」への警戒心を強めていかなければ大変な状況になると訴えてきたが、今度の参議院選挙の結果を見て、その思いをさらに強めている。

安倍政権が具体的に目指しているのが「自衛隊の憲法明記」である。安倍氏は「自衛隊の憲法明記で何も変らない」と相変らずの虚偽と詭弁を繰り返しているが、本書の各論稿で論じられているように、自衛隊は設立当初のものとは全く異なり、現在の自衛隊は軍隊としての能力を持ち、実際にさまざまな地域に派兵されてきた。詳しくは別稿に譲るが、新安保法制のもとでの自衛隊は地理的限界なく、自らの海外での武力行使や外国軍隊に近接した場所での後方支援を行うなど、危険性の高い任務、行動、権限を大きく拡大した。この間、それに対応できるような編成、装備などを拡充し、かつ攻撃的な機能を準備してきたのである。さらに「安保法制」に代表されるように、集団的自衛権を含む世界中での武力行使を可能にする法律が制定され、戦争に反対する市民などを監視する「監視国家化」も進められてきている。

こうして安倍政権は「戦争できる国づくり」を着実に構築してきたが、それは安倍政権がすすめる憲法「改正」によって完成される。私の母が教え続けてくれた「平和社会の実現」は間違いなく崩壊する。

　一体、わが国はどこへ行こうとしているのか。これまで積み上げてきた「平和国家」から別の姿の国家へと変貌を遂げているのではないか。安倍政権はこの国を、国民を、そして自衛隊をどこに連れて行こうとしているのか。不穏なイラン情勢の中でアメリカの呼びかけに応じて有志連合に参加し、戦争への道に巻き込まれていく具体的な危険性は限りなく大きくなってきている。

　しかしながら、私たちにはこうした安倍政権の危険な流れを断固として阻止しなければならない歴史的責任がある。そのためには本書で紹介されているような自衛隊の実態、世界中での武力行使が可能になる法制度と海外派兵型兵器を持つ自衛隊の状況、自衛隊明記の憲法「改正」の危険性をより多くの市民に広めることが極めて大事であると思う。私は今、安保法制違憲訴訟や憲法「改正」の危険性を広めるための講演活動などに携わっているが、本書の刊行をきっかけとして自衛隊の実態と安保法制や憲法「改正」の本質的な問題を一人でも多くの市民が認識するようになれば、本書は一定の社会的役割を果たしたことになるであろう。

　最後になるが、本書の刊行にあたっては現代人文社の成澤壽信さん、吉岡正志さんに大変お世話になった。この場を借りて心からお礼を申し上げたい。

2019年8月9日
長崎への原爆投下から74年目の日に
寺井一弘

自衛隊の変貌と平和憲法
脱専守防衛化の実態

2019年9月30日　第1版第1刷発行

[編著者] 飯島滋明・前田哲男・清末愛砂・寺井一弘
[発行人] 成澤壽信
[発行所] 株式会社 現代人文社
　　　　〒160-0004　東京都新宿区四谷2-10　八ッ橋ビル7階
　　　　電話　03-5379-0307　FAX　03-5379-5388
　　　　E-Mail　hanbai@genjin.jp（販売）　henshu@genjin.jp（編集）
　　　　http://www.genjin.jp
[発売所] 株式会社 大学図書
[印刷所] 株式会社 ミツワ
[装　丁] Malp Design（宮崎萌美）
[本文デザイン] Malp Design（陳湘婷）

検印省略　Printed in Japan
ISBN978-4-87798-733-6 C0036
ⓒ2019　Iijima Shigeaki　Maeda Tetsuo　Kiyosue Arisa　Terai Kazuhiro

本書の一部あるいは全部を無断で複写・転載・転訳載などをすること、または磁気媒体等
に入力することは、法律で認められた場合を除き、著作者および出版者の権利の侵害とな
りますので、これらの行為をする場合には、あらかじめ小社または編著者宛に承諾を求め
てください。